Erwin Dee Kord (Hrsg.)

Beutegreifer

Erwin Dee Kord (Hrsg.)

Beutegreifer

Raubtiere, Neologismus, Raubtiere, Beutelsäuger, Greifvögel, Prädator

Solv

Imprint

Permission is granted to copy, distribute and/or modify this document under the terms of the GNU Free Documentation License, Version 1.2 or any later version published by the Free Software Foundation; with no Invariant Sections, with the Front-Cover Texts, and with the Back- Cover Texts. A copy of the license is included in the section entitled "GNU Free Documentation License".

All parts of this book are extracted from Wikipedia, the free encyclopedia (www.wikipedia.org).

You can get detailed informations about the authors of this collection of articles at the end of this book. The editors (Ed.) of this book are no authors. They have not modified or extended the original texts.

Pictures published in this book can be under different licences than the GNU Free Documentation License. You can get detailed informations about the authors and licences of pictures at the end of this book.

The content of this book was generated collaboratively by volunteers. Please be advised that nothing found here has necessarily been reviewed by people with the expertise required to provide you with complete, accurate or reliable information. Some information in this book maybe misleading or wrong. The Publisher does not guarantee the validity of the information found here. If you need specific advice (f.e. in fields of medical, legal, financial, or risk management questions) please contact a professional who is licensed or knowledgeable in that area.

Any brand names and product names mentioned in this book are subject to trademark, brand or patent protection and are trademarks or registered trademarks of their respective holders. The use of brand names, product names, common names, trade names, product descriptions etc. even without a particular marking in this works is in no way to be construed to mean that such names may be regarded as unrestricted in respect of trademark and brand protection legislation and could thus be used by anyone.

Cover image: www.ingimage.com
Concerning the licence of the cover image please contact ingimage.

Publisher:
Solv is a trademark of
International Book Market Service Ltd., 17 Rue Meldrum, Beau Bassin, 1713-01 Mauritius
Email: info@bookmarketservice.com
Website: www.bookmarketservice.com

Published in 2011

Printed in: U.S.A., U.K., Germany. This book was not produced in Mauritius.

ISBN: 978-613-8-93658-9

Contents

Beutegreifer

Beutegreifer ist ein Kunstwort, das den umgangssprachlichen Begriff „Raubtier" (nicht die mit dem biologischen Begriff gemeinte Ordnung der Säugetiere) ersetzen soll. „Raubtier" beinhaltet nach Meinung der Schöpfer dieses Neologismus das negativ besetzte Verb „rauben" im Sinne von stehlen. Beutegreifer sind landgebundene Tiere, die sich hauptsächlich von Fleisch ernähren. In diese Gruppe fallen einige Vertreter der Ordnung Raubtiere, einige Beuteltiere und Greifvögel. Manchmal wird der Begriff Beutegreifer heute auch als Synonym für Prädator verwendet.

Die Umbenennung von „Raubvögeln" in „Greifvögel" war der Anstoß der Einführung des Begriffs „Beutegreifer". Dieser hat sich jedoch im allgemeinen Sprachgebrauch kaum durchgesetzt.

Abweichend spricht auch die Wissenschaft weiter von der Räuber-Beute-Beziehung.

Siehe auch

- Prädator
- Carnivoren
- Fleischfresser

Weblinks / Quellen

- „Deutsche Enzyklopädie": Beutegreifer [1]
- Tierlexikon.ch: „Raubtiere, Beutegreifer" [2]

References

[1] http://www.calsky.com/lexikon/de/txt/b/be/beutegreifer.php
[2] http://www.tierlexikon.ch/index.php?option=com_ds_browser&func=detail&anzeige=498

Raubtiere

<table>
<tr><td colspan="2" align="center">Raubtiere</td></tr>
<tr><td colspan="2" align="center"></td></tr>
<tr><td colspan="2" align="center">Südchinesischer Tiger mit Beute</td></tr>
<tr><td colspan="2" align="center">Systematik</td></tr>
<tr><td>Überklasse:</td><td>Kiefermäuler (Gnathostomata)</td></tr>
<tr><td>Reihe:</td><td>Landwirbeltiere (Tetrapoda)</td></tr>
<tr><td>Klasse:</td><td>Säugetiere (Mammalia)</td></tr>
<tr><td>Unterklasse:</td><td>Höhere Säugetiere (Eutheria)</td></tr>
<tr><td>Überordnung:</td><td>Laurasiatheria</td></tr>
<tr><td>Ordnung:</td><td>Raubtiere</td></tr>
<tr><td colspan="2" align="center">Wissenschaftlicher Name</td></tr>
<tr><td colspan="2">Carnivora</td></tr>
<tr><td colspan="2">Bowdich, 1821</td></tr>
<tr><td colspan="2" align="center">Überfamilien</td></tr>
<tr><td colspan="2">

- Hundeartige (Canoidea)
- Katzenartige (Feloidea)
</td></tr>
</table>

Die **Raubtiere** (Carnivora) sind eine Ordnung der Säugetiere (Mammalia), welche die Hundeartigen (Canoidea) und die Katzenartigen (Feloidea) einschließt.

Die 11 rezenten Familien der Raubtiere sind mit etwa 270 Arten in 110 Gattungen[1] nahezu weltweit verbreitet und ernähren sich als typische Beutegreifer überwiegend von Wirbeltieren. Traditionell werden sie in zwei hinsichtlich Aussehen und Lebensweise sehr unterschiedliche Gruppen eingeteilt: Die landlebenden „Landraubtiere" (Fissipedia) der klassischen Systematik und die wasserlebenden Robben (Pinnipedia).[1]

Die wissenschaftliche Bezeichnung „Carnivora" setzt sich aus den lateinischen Begriffen *caro, carnis* „Fleisch" und *vorare* „verschlingen" zusammen. Doch ernähren sich viele Raubtiere nicht ausschließlich von Fleisch; so sind etwa die Bären (Ursidae) opportunistische Allesfresser und einige Arten, darunter der Große Panda, haben sich auf Pflanzennahrung spezialisiert.

Zoologen unterscheiden zwischen fleischfressenden (karnivoren) Tieren und den Carnivora als systematische Einheit. In der Umgangssprache umfasst der Begriff „Raubtiere" nicht nur die Carnivora sondern alle „räuberischen", also beutegreifenden Wirbeltiere, wie etwa Haie, Krokodile, Raubbeutler, Greifvögel („Raubvögel") oder theropode Dinosaurier („Raubsaurier").

Merkmale

Allgemeines

Die Raubtiere sind sehr vielgestaltig und umfassen beispielsweise äußerlich so unähnliche Vertreter wie Mungos und Walrosse. Neben den Robben oder Wasserraubtieren werden alle großen fleischfressenden Landsäugetiere der Erde sowie etliche mittelgroße und kleinere Arten zu dieser Ordnung gerechnet. Die Formenfülle reicht von eher plump gebauten Tieren wie den Bären bis zu schlanken Formen wie den Katzen. Die Größenskala reicht vom winzigen Mauswiesel, das nur 35–70 g wiegt, bis zum riesigen Südlichen

Walrosse gehören zu den größten Raubtieren

Seeelefanten, der über vier Tonnen Körpergewicht auf die Waage bringt und eine der größten Säugetierarten darstellt.

Kiefer und Gebiss

Schädel eines Rotfuchses. Der obere Reißzahn befindet sich im Bild ca. über der 20-cm-Markierung

Das Gebiss der landbewohnenden Raubtierfamilien baut auf folgender Zahnformel auf: Incisivi (Schneidezähne) 3/3, Canini (Eckzähne) 1/1, Prämolare (Vorbackenzähne) 4/4, Molare (Backenzähne) 3/3. Je nach Raubtierart sind die Ausprägungen unterschiedlich, wobei die Eckzähne, die so genannten Fangzähne, in der Regel extrem verlängert sind. Fast alle Arten besitzen je sechs kleine Schneidezähne im Ober- und Unterkiefer. Die wenigen Ausnahmen sind der Lippenbär, der in jeder Oberkieferhälfte nur zwei Schneidezähne besitzt, um durch die entstandene Lücke Insekten aufsaugen zu können, und der Seeotter, der im Unterkiefer insgesamt nur vier Schneidezähne trägt.

Alle Landraubtiere tragen darüber hinaus ein charakteristisches Gebissmerkmal: die sogenannte P4/M1-Brechschere, die sich jeweils aus zwei scharfen Reißzähnen zusammensetzt und hervorragend geeignet ist, um Fleisch zu zerschneiden. In jeder Kieferhälfte bilden zwei Reißzähne eine solche Funktionseinheit. Der obere Reißzahn ist der letzte Vorbackenzahn im Oberkiefer (Prämolar 4 = P4), der untere ist der erste Backenzahn (Molar 1 = M1) im Unterkiefer. Bei Hyänen sind sie besonders kräftig und eignen sich sogar zum Aufbrechen großer Knochen, bei Allesfressern wie Bären und Kleinbären sind sie weniger ausgeprägt. Die restlichen Backenzähne der Raubtiere sind im Gegensatz zu den auffälligen Reißzähnen in der Regel eher klein. Die Zahl der Backenzähne ist bei einigen Gruppen, etwa bei den Katzen reduziert.

Das Gebiss der Robben unterscheidet sich deutlich von dem der landlebenden Raubtiere. Es ist darauf spezialisiert, schlüpfrige Fische festzuhalten und besteht aus einem oder zwei Paaren unterer Schneidezähne, relativ unauffälligen Eckzähnen und 12 bis 24 kegelförmigen, homodonten Backenzähnen. Extreme Abwandlungen sind die Stoßzähne des Walrosses oder die modifizierten Backenzähne der Krabbenfresser.

Charakteristisch für Raubtierschädel sind ausladende Jochbögen, eine große Schläfengrube als Ursprung für den kräftigen, zum Zubeißen wichtigen Schläfenmuskel, sowie die Verbindung von Augenhöhle und Schläfenfenster. Der Unterkiefer ist so im Oberkiefer verankert, dass er nur auf- und abwärts bewegt werden kann; Seitwärtsbewegungen wie etwa beim Kauen sind nicht möglich.

Gliedmaßen

Raubtiere besitzen vier oder fünf Zehen an jedem Fuß. Der Daumen kann den anderen Zehen nicht gegenüber gestellt werden und ist bei einigen Arten zurückgebildet oder reduziert. Die Handwurzelknochen sind in der Regel verwachsen, wodurch das Handgelenk gefestigt wird. Das Schlüsselbein ist sowohl bei Robben als auch bei den anderen Familien reduziert oder ganz verschwunden. Es dient bei anderen Säugern dazu, Seitwärtsbewegungen der Gliedmaßen zu ermöglichen. Raubtiere, die vor allem darauf ausgerichtet sind, Beute zu verfolgen, bewegen ihre Beine jedoch hauptsächlich vor und zurück. Einige

Robben wie dieser Australische Seelöwe haben stark abgewandelte Gliedmaßen

Raubtiere wie Katzen und Hunde gehen auf den Zehen, während andere wie die Bären Sohlengänger sind. Bei einigen, etwa Katzen und Schleichkatzen, findet man als Besonderheit einziehbare Krallen. Die Gliedmaßen der Robben sind stark modifiziert und zu Flossen umgebildet, bei denen die Zehen durch Schwimmhäute verbunden sind.

Organe

Wegen der meist geringen Spezialisierung bei der Nahrungsaufnahme ist, wie das Gebiss, auch der Verdauungstrakt im Vergleich zu vielen Pflanzenfressern recht ursprünglich und bietet dadurch eine höhere Anpassungsfähigkeit. Er besteht aus dem Magen und einem relativ kurzen Darm.

Weibliche Raubtiere verfügen über eine zweihörnige Gebärmutter. Sie haben bauchständige Milchdrüsen. Männliche Raubtiere (mit Ausnahme der Hyänen) haben einen Penisknochen (Baculum), die Hoden liegen außen.

Das relativ große Gehirn ist stark gefurcht.

Verbreitungsgebiet und Lebensräume

Mit etwa 270 Arten sind die Raubtiere eine der artenreicheren Ordnungen der Säugetiere. Sie kommen auf allen Kontinenten vor, wobei sie in der Antarktis nur an den Küsten anzutreffen sind. Mit Ausnahme von Ohrenrobbenkolonien an der Südküste war Australien früher raubtierfrei, in historischer Zeit wurde jedoch der australische Dingo und in der Neuzeit Rotfuchs und Hauskatze durch den Menschen eingeführt.

Alle Familien der Katzenartigen sind, mit Ausnahme der Katzen selbst, die auch in Nord- und Südamerika vorkommen, natürlicherweise auf die alte Welt beschränkt. Zwei Familien der Katzenartigen, die Madagassischen Raubtiere und die Pardelroller haben recht kleine Verbreitungsgebiete und kommen ausschließlich auf Madagaskar beziehungsweise in Zentralafrika vor. Die übrigen drei, Hyänen, Mangusten und Schleichkatzen sind jeweils in Afrika, Asien und in Randgebieten in Europa verbreitet. Unter den Hundeartigen sind die Hunde, Bären und Marder fast weltweit verbreitet und fehlen ursprünglich nur in Australien und der Antarktis. Die Bären sind in Afrika allerdings mit dem Atlasbären im Holozän ausgestorben. Die Skunks sind in Südostasien und Amerika verbreitet, die Katzenbären mit einer Art auf Asien beschränkt und die Kleinbären leben ausschließlich in Amerika. In drei Familien bewohnen die Wasserraubtiere die Küstengewässer aller Kontinente, sowie einige wenige Süßwasserseen.

Die Lebensräume der Raubtiere sind vielseitig, und es gibt nur wenige Habitate, die sie nicht bevölkern. So findet man sie vom Packeisgürtel bis in tropische Regenwälder und von Küstenmeeren bis in trockene Wüsten.

Lebensweise

Sozialverhalten

Die Bandbreite des Sozialverhaltens ist nicht nur unter den Raubtieren an sich groß, sondern variiert auch deutlich innerhalb der einzelnen Tiergruppen. Oft steht die Gesellschaftsform in engem Zusammenhang mit der Jagdweise und Ernährung der jeweiligen Art. So leben einige Arten in Rudeln (Wölfe, Löwen) oder Kolonien (Seelöwen), andere als Einzelgänger (Leopard, Braunbär) oder in Familiengruppen (Schakale).

Ernährung

Die meisten Raubtiere sind Fleischfresser. Ihren Fleischbedarf decken sie durch Jagd oder das Fressen von Aas. Ein großer Teil der Carnivoren ist jedoch *omnivor*, also allesfressend, das heißt, sie nehmen neben Fleisch auch andere Nahrung wie Beeren oder Gräser zu sich. Viele kleinere Raubtiere wie Mangusten, aber auch einige größere Arten wie Löffelhund, Erdwolf und Lippenbär ernähren sich zu großen Teilen von Wirbellosen, vornehmlich Insekten. Einige Raubtierarten, darunter der Große Panda, der Pardelroller oder der Wickelbär sind sogar vorrangig oder fast ausschließlich Pflanzenfresser. Dennoch findet man zahlreiche hochspezialisierte Beutegreifer innerhalb dieser Ordnung.

Der Große Panda ernährt sich in erster Linie von Bambus

Die Art und Weise, wie Raubtiere ihre Opfer erlegen, ist sehr vielseitig. Einige Arten, etwa die Wildhunde, hetzen ihre Beute bis zur Erschöpfung, andere wie die Katzen schleichen sich nah an ihre Beute heran und überraschen sie mit einem schnellen Angriff. Marder sind befähigt, schnell kletternd Eichhörnchen in Bäumen nachzustellen, Wiesel verfolgen Nagetiere in ihre Gänge und Robben jagen Fische. Große Robben wie Seeelefanten erreichen dabei Tiefen von über 1000 Metern. Einige Raubtiere sind in der Lage, Tiere zu erlegen, die um einiges größer sind als sie selbst. Zum Beispiel können Tiger Gaure (große Rinder aus Südostasien) erlegen, und das Hermelin kann ein Kaninchen töten, das ein Vielfaches seines Körpergewichtes wiegt. Einige Arten setzen vor allem auf Gruppenjagd, während andere im Alleingang jagen.

Otter mit Jungtier beim Fressen

Fortpflanzung

Die meisten Raubtierarten werfen etwa einmal pro Jahr, kleinere Arten auch mehrmals. Bei großen Arten wie den Großkatzen und Bären vergehen meist zwei bis drei Jahre zwischen zwei Würfen. Die Tragzeit schwankt zwischen 50 und 115 Tagen. Die Jungen kommen in der Regel klein, blind und unfähig zum eigenständigen Überleben zur Welt.

Bei einigen Marderartigen und Bären tritt eine verzögerte Entwicklung des Embryos auf. Dieser als Keimruhe bezeichnete Mechanismus verlängert die Tragzeit und stellt sicher, dass die Jungen zu einer möglichst günstigen Jahreszeit geboren werden.

Systematik

Äußere Systematik

Die Raubtiere werden heute aufgrund molekulargenetischer Befunde zur großen Säugerlinie der Laurasiatheria gezählt, zu denen auch die Insektenfresser, Fledertiere, Unpaarhufer, Cetartiodactyla (Wale und Paarhufer) und Schuppentiere gehören. Innerhalb der Laurasiatheria werden die Raubtiere heute meist zusammen mit den Schuppentieren und den ausgestorbenen Creodonten in eine gesonderte Gruppe, die Ferae gestellt. Deren Schwestergruppe wären nach dieser Auffassung die Unpaarhufer. Ein mögliches Kladogramm der Laurasiatheria sieht folgendermaßen aus:[2]

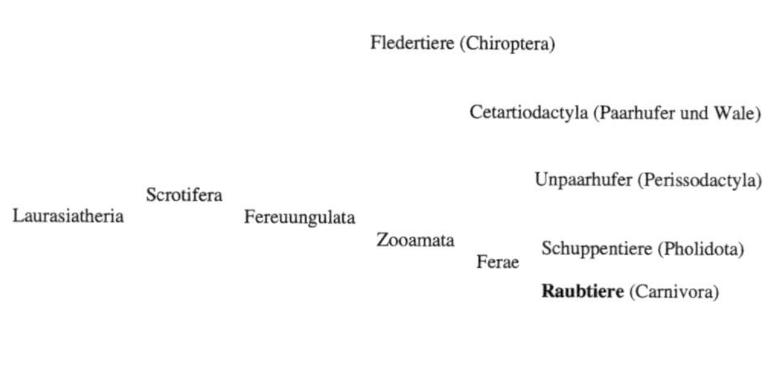

Während die Ferae heute als relativ sicher angesehen werden, gibt es bei der Systematik innerhalb der Laurasiatheria noch regelmäßige Diskussionen.

Innere Systematik

Grobsystematik

Die klassische Einteilung der Raubtiere sah zwei Unterordnungen vor, die Landraubtiere und die Wasserraubtiere; letztere waren dabei die Robben, erstere alle landbewohnenden Raubtiere. Nach heutigem Stand ist diese Unterteilung überholt, da Robben sich aus hundeartigen Raubtieren entwickelten und daher diesen zuzuordnen sind. Diese Zugehörigkeit basiert sowohl auf morphologischen als auch auf molekulargenetischen Untersuchungen. Demnach spalteten sich die frühen Raubtiere nicht zuerst in Land- und Wasserraubtiere auf, sondern in Hundeartige (Canoidea) und Katzenartige (Feloidea). Schon lange unterscheidet man diese zwei Stammlinien, wobei früher allerdings die Robben nicht zu den Hundeartigen gerechnet wurden.

Löwin (*Panthera leo*)

Unbestritten ist heute, dass die drei Familien der Robben ein monophyletisches Taxon sind, also alle auf einen gemeinsamen Vorfahren zurückgehen. Auch die Monophylie der traditionell unterschiedenen Landraubtier-Familien bestätigte sich größtenteils. Dies gilt insbesondere für Hunde, Bären, Hyänen und Katzen. Die anderen herkömmlichen Familien, die Marderartigen, Kleinbären, Schleichkatzen und Mangusten, haben noch immer Gültigkeit, mussten jedoch teilweise etwas umstrukturiert werden, um den neuen taxonomischen Befunden gerecht zu werden. So bilden die Skunks zusammen mit den Stinkdachsen Südostasiens eine eigene Familie, der Kleine Panda ist in einer eigenen Familie Ailuridae abgetrennt und die Madagassischen Raubtiere bilden ein monophyletisches Taxon. Der Pardelroller und die Linsangs stellen nach molekulargenetischen Untersuchungen ebenfalls jeweils eigenständige Familien dar.

- Hundeartige (Canoidea)
  - Hunde (Canidae)
  - Bären (Ursidae)
  - Walrosse (Odobenidae)
  - Ohrenrobben (Otariidae)
  - Hundsrobben (Phocidae)
  - Kleine Pandas (Ailuridae)
  - Skunks oder Stinktiere (Mephitidae)
  - Kleinbären (Procyonidae)
  - Marder (Mustelidae)
- Katzenartige (Feloidea)
  - Pardelroller (Nandiniidae)
  - Katzen (Felidae)
  - Linsangs (Prionodontidae)
  - Schleichkatzen (Viverridae)
  - Hyänen (Hyanidae)
  - Mangusten (Herpestidae)
  - Madagassische Raubtiere (Eupleridae)

Fleckenskunk (*Spilogale gracilis*)

Der Binturong zählt zu den Schleichkatzen

Systematik auf Familienebene

Die genaueren verwandtschaftlichen Verhältnisse der Raubtierfamilien untereinander konnten jüngst durch molekulargenetische Analysen etwas aufgehellt werden, wenn auch einzelne Fragen noch immer ungeklärt sind. Als sicher gilt heute, dass innerhalb der Hundeartigen die Caniden (Hunde) allen anderen heutigen Gruppen, die als Arctoidea zusammengefasst werden, gegenüber stehen. Die Arctoidea selbst gliedern sich in die drei Hauptkladen Bären, Robben und Musteloidea. Zu letzteren zählen die Katzenbären, Skunks, Kleinbären und Marder. Die Systematik unter den Musteloidea ist nicht ganz gesichert, doch Marder und die Kleinbären scheinen eine Einheit zu bilden, deren Schwestergruppe die Skunks sind. Diesen drei Gruppen stünden demnach die Katzenbären als gesonderte Gruppe innerhalb der

Das Katzenfrett, ein Vertreter der Kleinbären

Musteloidea gegenüber. Zu den Katzenbären gehört nach heutigen Erkenntnissen nur der Kleine Panda. Der Große Panda hingegen wird heute den Großbären (Ursidae) zugeteilt. Unklar bleibt unter den Hundeartigen die Stellung der ausgestorbenen Amphicyonidae.

Innerhalb der Katzenartigen stellten sich überraschend die Pardelroller, die gegenwärtig mit nur einer Art in Zentralafrika vertreten sind, als eigene Familie heraus, die allen anderen überlebenden Familien aus dem Katzenzweig gegenüberstehen. Des Weiteren bilden alle Madagassischen Raubtiere eine monophyletische Gruppe, die nahe mit den Mangusten verwandt ist. Die Schwestergruppe dieser beiden Gruppen dürften die Hyänen sein. Bei den Katzenartigen wären demnach neben den Pardelrollern drei Hauptlinien zu unterscheiden: (1) Die Katzen und die Linsangs, (2) die Schleichkatzen (ohne Pardelroller und Madagassische Raubtiere) und (3) eine Gruppe, die sich aus Hyänen, Mangusten und Madagassischen Raubtieren zusammensetzt. Unklar ist, ob die Katzen oder die Schleichkatzen dem Hyänen-Mangusten-Zweig näher stehen. Ungeklärt ist auch die genaue Stellung der ausgestorbenen Nimravidae, Barbourofelidae sowie der hyänenähnlichen Stenoplesictidae und Percrocutidae.

Ein mögliches Kladogramm der Raubtierfamilien könnte folgendermaßen aussehen:

? Miacidae †

? Amphicyonidae †

? Hunde (Canidae)

Bären (Ursidae)

Hundsrobben (Phocidae)

Hundeartige (Canoidea)

Robben (Pinnipedia)

Robben (Pinnipedia)

Ohrenrobben (Otariidae)

Walrosse (Odobenidae)

Arctoidea

N.N.

Katzenbären (Ailuridae)

Musteloidea

N.N.

Skunks (Mephitidae)

Marder (Mustelidae)

Raubtiere
(Carnivora)

? Viverravidae †

? Nimravidae †

? Barbourofelidae †

? Stenoplesictidae †

? Percrocutidae †

Pardelroller (Nandiniidae)

Schleichkatzen (Viverridae)

Katzenartige (Feloidea)

N.N.

Katzen (Felidae)

Linsangs (Prionodontiae)

N.N.

Hyänen (Hyaenidae)

N.N.

N.N.

Mangusten (Herpestidae)

Madagassische Raubtiere (Eupleridae)

Stammesgeschichte

Aufspaltung in Katzen- und Hundeartige

Nach der herkömmlichen Meinung hatten sich die Raubtiere schon im frühen Paläozän in die beiden großen Raubtier-Stammlinien, die Katzenartigen (Feliformia) und die Hundeartigen (Caniformia) aufgespalten. Als älteste Gruppe der ersteren galt bisher die ausgestorbene Familie Viverravidae, die bereits im Paläozän nachgewiesen ist. Einer ihrer Vertreter war beispielsweise die zierliche, baumlebende Gattung *Protictis*. Als früheste Gruppe der Hundeartigen wurden meist die Miacidae angesehen, die etwa ab dem späten Paläozän auftreten. (Ursprünglich wurden die Miaciden sogar als Vorläufer aller Raubtiere angesehen.) Ihre Pfoten waren flexibel, was auf Kletterfähigkeiten hinweist, und sie besaßen ein vollständiges Gebiss mit 44 Zähnen. Auch die Brechschere war bereits entwickelt.

Neuere Studien weisen allerdings darauf hin, dass die Miaciden und Viverraviden nicht die direkten Vorfahren der beiden Raubtierlinien sind, sondern sogar ganz außerhalb der Carnivora anzusiedeln sind. Die Miaciden scheinen nicht einmal eine monophyletische Gruppe zu sein. Viverraviden und Miaciden werden aber auch nach diesen Befunden mit den Raubtieren zu einem Taxon, den Carnivoramorpha zusammengefasst. Diesen Ergebnissen zufolge hätten sich die beiden Hauptlinien der Carnivora erst vor etwa 43 Millionen Jahren auseinander entwickelt.

Entwicklung der Katzenartigen

Eine der ältesten Familien aus dem Katzenzweig sind die Nimravidae, die sehr stark an Katzen (Felidae) erinnern, aber als separate Familie angesehen werden. Sie traten erstmals im späten Eozän Nordamerikas und Eurasiens auf. Eine weitere Familie, die Barbourofelidae wurden ursprünglich als Unterfamilie der Nimravidae angesehen, doch gelten sie heute als eigene Familie. Die Barbourofelidae starben erst im späten Miozän mit der nordamerikanischen Gattung *Barbourofelis* aus.

Wie alle Mangusten gehört die Zwergmanguste zu den Katzenartigen

Der erste Vertreter der Katzen selbst war *Proailurus* aus dem Oligozän und Miozän Europas. Er war etwa so groß wie ein Ozelot. Im Miozän wanderten die Katzen erstmals nach Nordamerika ein und verdrängten schnell die dort lebenden Nimraviden. Im Pliozän wanderten sie auch nach Südamerika ein. Die anderen Familien der Katzenartigen blieben abgesehen von einer nordamerikanischen Hyänengattung des Pliozäns auf die Alte Welt beschränkt und erreichten nie den amerikanischen Kontinent.

Entwicklung der Hundeartigen

Die zweite Linie der Raubtiere sind die Hundeartigen. Ihre namensgebende Familie, die Hunde (Canidae), ist entwicklungsgeschichtlich vor allem in Nordamerika vertreten und war ursprünglich auf diesen Kontinent beschränkt. Die Gattung *Hesperocyon* aus dem mittleren Eozän war der erste bekannte Vertreter dieser Familie. Die Hunde erreichten Europa im Miozän, Afrika, Asien und Südamerika nicht vor dem Pliozän.

Auch die zweite Familie, die Bären, tauchte zuerst in Nordamerika auf und erreichte Eurasien und Afrika im Miozän. Im Gegensatz zu den heutigen Formen war der erste Bär noch ziemlich klein. *Parictis* aus dem späten Eozän hatte einen nur 7 cm langen Schädel. Die anderen Familien der Hundeartigen, zu denen neben den heute noch existierenden auch die ausgestorbene Familie der Amphicyonidae gehörte, sind spätestens ab dem frühen Oligozän sowohl in Nordamerika als auch in der Alten Welt nachweisbar. Südamerika erreichten die Hundeartigen genau wie die Katzen erst im Pliozän, nach der Entstehung der mittelamerikanischen Landbrücke. Lediglich die Kleinbären sind schon ab dem späten Miozän auf diesem Kontinent nachgewiesen.

Die Robben, die innerhalb der Hundeartigen zur Gruppe der Arctoidea zählen, sind erst aus dem Oligozän bekannt. *Enaliarctos* etwa hatte bereits Flossen und lebte im späten Oligozän Kaliforniens. Die Backenzähne dieser frühen Gattung waren noch kaum modifizierte Reißzähne, wie sie für Landraubtiere typisch sind. Vertreter, die den drei Robbenfamilien zugeordnet werden können, sind aus dem Miozän bekannt. Ohrenrobben und Walrosse waren damals an den Küsten des Nordpazifik verbreitet, während die Hundsrobben im Nordatlantik lebten.

Andere Fleischfresser unter den Säugetieren

Hyaenodon war eine Gattung der Creodonten, die zwar Fleischfresser waren, aber nicht zu den Raubtieren zählten

Bevor sich die Raubtiere zu den Gipfelräubern entwickelten, wurde diese Nische von zwei anderen archaischen Säugerordnungen ausgefüllt, die heute lange ausgestorben sind. Die ersten waren die Mesonychia, die im Paläozän und Eozän verbreitet waren. Sie brachten die ersten großen Fleischfresser unter den höheren Säugetieren hervor. Eine zweite Gruppe räuberischer Säugetiere waren die Creodonten. Im frühen Tertiär, als die Vertreter der Carnivora allesamt noch klein und unscheinbar waren, waren die Creodonten mit einer beachtlichen Formenfülle großer Fleischfresser vertreten. Ebenso wie die Carnivora hatten die Creodonten ein Brechscherengebiss entwickelt. Die Brechschere wurde jedoch bei den beiden Gruppen aus anderen Backenzähnen gebildet, was darauf hinweist, dass Raubtiere und Creodonten sie unabhängig voneinander, also konvergent, entwickelt haben.

Auf den isolierten Kontinenten Australien und Südamerika, wo lange Zeit keine Raubtiere vorkamen, wurde die Rolle größerer Fleischfresser ursprünglich von verschiedenen Beuteltieren ausgefüllt. In Südamerika lebten bis ins Pliozän fleischfressende Beuteltiere der Ordnung Sparassodonta, zu denen auch die den Säbelzahnkatzen ähnliche Gattung *Thylacosmilus* gehörte. Mit der Bildung der mittelamerikanischen Landbrücke am Ende des Pliozän wanderten echte Raubtiere von Nordamerika ein und verdrängten ihre südamerikanischen Gegenstücke. In Australien gibt es noch heute einige mittelgroße Raubbeutler wie die Beutelmarder und den Beutelteufel. Der Beutelwolf starb allerdings im 20. Jahrhundert höchstwahrscheinlich aus und auch die Beutellöwen und fleischfressende Känguruarten wie das Starkzähnige Riesenrattenkänguru kommen nicht mehr vor.

Bedeutung, Geschichte, Kultur

Seit Urzeiten sind große Raubtiere die Beutekonkurrenten des Menschen. Viele Raubtiere wurden als Feinde der Nutztiere des Menschen seit langer Zeit verfolgt und verloren einen Großteil ihres Lebensraumes durch die Ausbreitung und Konkurrenz des Menschen. Auch die Jagd auf Wildtiere verübelte ihnen der Mensch und dezimierte sie aus diesem Grund. Im Yellowstone-Nationalpark wurden Großraubtiere selbst nach der Nationalpark-Gründung verfolgt und der Wolf sogar ausgerottet. Viele Raubtiere wurden oder werden auch wegen ihres Fells, aus dem Luxuskleidung hergestellt wird, und als Jagdtrophäen bejagt. Deshalb sind etliche Arten heute akut vom Aussterben bedroht und besonders die Bestände der großen Raubtiere sind vielfach bis auf kleine Reliktpopulationen zusammengeschmolzen.

Wolf

Stellenweise ist heute allerdings ein Umdenken zu erkennen. Vor allem in Europa und Nordamerika scheinen einige Großraubtiere wieder etwas an verlorenem Boden gutmachen zu können. So wurden Wölfe im Yellowstone-Nationalpark wiedereingeführt und nach Mitteleuropa wandern zunehmend Bären, Wölfe und Luchse ein. Einige sehr anpassungsfähige Arten wie etwa der Rotfuchs dringen sogar immer mehr in menschliche Siedlungen vor und finden selbst in modernen Großstädten ein Auskommen.

Besonders die großen Arten wie Löwe, Tiger, Bär und Wolf haben mythische Bedeutung erlangt und Eingang in zahlreiche Sagen gefunden.

Einige Arten (vor allem Haushund und Hauskatze) werden vom Menschen auch als Haustiere gehalten. Verschiedene Marder werden wegen ihres Felles oder im Falle des Frettchens zur Kaninchen- und Hasenjagd gezüchtet.

Mehrere Raubtierarten, wie etwa der Rotfuchs, sind Überträger gefährlicher Seuchen wie der Tollwut.

Referenzen

[1] Harald Schliemann: *Carnivora, Raubtiere*. In: Wilfried Westheide, Reinhard Rieger: *Spezielle Zoologie. Teil 2: Wirbel- oder Schädeltiere*. Spektrum Akademischer Verlag, 2004, S. 586.

[2] nach Westheide/Rieger (2004), S. 503.

- John J. Flynn u. a.: *Molecular Phylogenie of the Carnivora (Mammalia): Assessing the Impact of Increased Sampling on Resolving Engimatic Relationships*. In: *Syst. Biol.* 54(2), 2005, S. 317–337. Molecular Phylogeny of Carnivora (http://home.uchicago.edu/~johnf/pdf/Flynn_etal_2005.pdf)
- Wesley-Hunt: Phylogeny of the Carnivores (http://journals.cambridge.org/action/displayFulltext?type=1&fid=285903&jid=SYP&volumeId=3&issueId=01&aid=285902)

Literatur

- D. E. Wilson, D. M. Reeder: *Mammal Species of the World*. Johns Hopkins University Press, 2005, ISBN 0-8018-8221-4.
- David Macdonald: *Die große Enzyklopädie der Säugetiere*. Könemann in der Tandem Verlag, 2004, ISBN 3-8331-1006-6.
- Thomas S. Kemp: *The Origin & Evolution of Mammals*. Oxford University Press, Oxford 2005, ISBN 0-19-850761-5.
- Don E. Wilson, Russell A. Mittermeier (Hrsg.): *Handbook of the Mammals of the World*. Volume 1: *Carnivores*. Lynx Edicions, 2009, ISBN 978-84-96553-49-1.

Weblinks

- Die Systematik der Raubtiere (http://www.tierseiten.com/raubtiere/raubtiersystematik.html)

koi:Лёквиррез

Neologismus

Ein **Neologismus** (mit lateinischer Endung entlehnt vom griechischen νεολογισμός *neologismos*, von νέος *neos* „neu" und λόγος *logos* „Wort") (auch: *Neuwort, neues Wort*) ist ein lexikalisches Zeichen (= neues Wort oder mit neuer Bedeutung verwendetes, bereits vorhandenes Wort), das in einem bestimmten Zeitraum in einer Sprachgemeinschaft aufkommt und sich verbreitet. Schließlich nehmen es die Wörterbücher auf, die den Wortschatz dieser Sprache kodifizieren. Charakteristisch für die Neologismen ist, dass die Sprecher sie für eine gewisse Zeit als neu empfinden. Welche lexikalischen Zeichen (noch) Neologismen sind, hängt also auch davon ab, zu welchem Zeitpunkt man den Wortschatz einer Sprache betrachtet oder untersucht. Neben den in allgemeinsprachlichen Standardwörterbüchern erfassten Neologismen gibt es für viele Sprachen auch Spezialwörterbücher, die ausschließlich diesen Teil des Wortschatzes behandeln.

Zur Problematik des Begriffs

Die Verwendung des Begriffs *Neologismus* ist in der Linguistik nicht ganz einheitlich. Bußmann definiert ihn als „neu eingeführten oder neuartig gebrauchten sprachlichen Ausdruck." Solche Wörter kommen durch Wortbildung, Entlehnung oder Bedeutungsübertragung zustande. Lediglich für die Neurolinguistik wird ein Verständnis des Begriffs im Sinne von Neuschöpfung oder Urschöpfung eingeräumt.[1] Glück setzt *Neologismus* zwar mit *Neuschöpfung* gleich und verweist von dem Stichwort „Wortneuschöpfung" auf *Neologismus*; die angegebenen Beispiele sind aber ausschließlich Fälle von Wortbildung, Entlehnung oder Bedeutungsübertragung. [2] Die linguistische Tradition unterscheidet jedoch spätestens seit Ende des 19. Jahrhunderts zwischen „Wortschöpfung/Urschöpfung" einerseits und „Wortbildung" andererseits.[3]

Abgrenzung

Sprecher lebender Sprachen produzieren oder erfinden täglich neue Wörter, mit denen sie spontan entstehende Benennungslücken schließen. Die meisten solcher Wörter werden aber nur ein einziges Mal verwendet. Ihr Zweck ist meist mit der einen Benennungssituation erfüllt. Diese Gelegenheitsbildungen (Okkasionalismen) werden weder als Neologismen betrachtet, noch lexikographisch erfasst. Im Deutschen, das die Bildung komplexer Komposita erlaubt, entstehen täglich solche momentanen Neuschöpfungen. Gelegentlich belebt erneuter Gebrauch lange Zeit ungenutzte Wörter wieder, die nicht mehr lexikographisch erfasst werden (Archaismen), auch sie sind keine Neologismen.

Wörter, die aus einer anderen Sprache entlehnt sind (beispielsweise *downloaden* aus dem Englischen) und in den allgemeinen Sprachgebrauch übergehen, werden oft als Neologismen gesehen und entsprechend lexikographisch erfasst; im engeren Sinne sind sie aber keine Neuschöpfungen, somit keine Neologismen.

Die Lexik einer lebenden Sprache ist ein komplexes Gebilde aus allgemeinsprachlichen, fachsprachlichen und gruppensprachlichen Wörtern. Allgemeinsprachliche Wörterbücher erfassen nur den Kernbereich der Lexik, den die Alltagssprache verwendet. Gelegentlich kommt es vor, dass bereits lang verwendete Wörter einer Fachsprache in die Alltagssprache vordringen. Dies gilt zum Beispiel für die Fachsprachen technischer Schlüsselbereiche wie Informationstechnik und Telekommunikation. Auch diese Wörter werden nicht als Neologismen betrachtet, da sie in der jeweiligen Fachsprache schon länger im Gebrauch sind. Ein besonders produktiver Bereich ist die Gruppensprache der Jugendlichen. Viele der dort gebildeten Neuwörter sind allerdings kurzlebig.

In der Praxis der Lexikographie ist die Abgrenzung zwischen Neologismen einerseits und Okkasionalismen, wiederbelebten Archaismen und Fachwörtern andererseits recht schwierig. Besonders Textkorpora, die den aktuellen Sprachgebrauch dokumentieren, leisten bei der Erfassung und Beschreibung von Neologismen nützliche Dienste.

Die Psychiatrie misst Neologismen beim Erheben des psychopathologischen Befunds im Zusammenhang mit Erkrankungen wie der Schizophrenie spezifischere Bedeutung zu als dem linguistischen Verständnis.

Typen von Neologismen

Folgende Arten von Neologismen lassen sich unterscheiden:

Neuwörter

Ausdruck und Bedeutung sind neu. Ein Beispiel aus der jüngsten Zeit ist das Verb *simsen* aus SMS für das Versenden von Kurznachrichten.

Neubedeutungen

Ein alter Ausdruck erhält lediglich eine neue (weitere) Bedeutung. So steht als ein etwas älteres Beispiel *Maus* auch für ein „technisches Gerät, Teil der Computerperipherie".

Ein Ausdruck mit ursprünglich positivem Sinnbezug erhält eine neue, pejorative Bedeutung und findet als politisch-ideologischer Kampfbegriff gegen verschiedene sprachliche Konventionen und Verhaltensweisen Verwendung. Beispiele dafür sind *Gutmensch oder Politische Korrektheit*.

Neue Wortkombinationen

Hier ist das Zusammenziehen von gebräuchlichen Wörtern (*Internetcafé, Laptop-Tasche*, auch als Retronym: *Analoguhr*) von metaphorischen Neubildungen zu unterscheiden. Bei letzteren entscheidet für die Verwendung nicht die tatsächliche Bedeutung, sondern eine charakteristische Eigenschaft. Beispiele dafür sind *Modezar, Literaturpapst, Börsenzwerg, Wirtschaftsauguren* oder *Erzeinwohner*.

Neuwörter als Ersatzwörter mit gleicher Bedeutung

Idemnität statt *Identität*, aber nicht zu verwechseln mit *Indemnität*

Neologismen und Sprachnorm

Wenn ein neues Wort in Gebrauch kommt, haben Sprecher oft Normunsicherheiten.

* Die Rechtschreibung ist ungeklärt, schreibt man *Spinoff, Spin-off* oder *Spin-Off*?
* Die Aussprache wird erst im täglichen Gebrauch gesichert. Besonders bei Lehnwörtern ist es ein Anpassungsprozess der, aber nicht immer, dem Phonemsystem der entlehnenden Sprache angepasst wird. Ein Beispiel ist *Download*, das sich von /...loʊd/ nach /...loːt/ entwickelt.
* Das Genus ist oft nicht eindeutig. Heißt es *der Blog* oder *das Blog*?
* Die Flexion kann angepasst oder originär sein. Heißt es *des Piercing* oder *des Piercings*? Heißt es im Plural *die PC* oder *die PCs*?

Oft muss sich eine Norm erst etablieren. Dies gilt zum Beispiel für das Genus von Lehnwörtern aus dem Englischen, wo das Genussystem nur schwach ausgeprägt ist. Sprecher, die ein Neuwort verwenden, signalisieren manchmal, dass sie das entsprechende Wort noch nicht als Teil der Sprachnorm akzeptieren. Häufig dafür verwendete Mittel sind Anführungszeichen oder abgrenzende Ausdrücke. Der „Breakeven" sei noch nicht erreicht, der sogenannte Breakeven oder ‚der wie man heutzutage sagt Breakeven'.

Der pragmatische Wert von Neologismen

Nicht immer besteht die Hauptfunktion eines Neologismus darin, einen neuen Sachverhalt zu bezeichnen. Mit der Verwendung von Neologismen möchte man oft etwas verdeutlichen: Zugehörigkeit zu einer bestimmten Gruppe, Modernität oder einfach nur Aufmerksamkeit erregen (Beispiel: "Entschleunigung" statt "Verlangsamung"). Diese pragmatischen Funktionen sind die Ursache dafür, dass vor allem die *Sprache der Werbung* Neuwörter verwendet. Die Signalfunktion neuer Wörter wird soweit ausgereizt, dass man gegen grammatische Regeln verstößt (*unkaputtbar, hier werden Sie geholfen*).

Neologismen haben auch kulturellen Wert. Durch Wortneuschöpfungen können Denkanstöße und Neuassoziationen gefördert werden. Die zeitgenössische Kunstrichtung expressiver Neologismus (kurz auch als *neolog* bezeichnet) befasst sich auf kritische Art mit der Sprache als Massenmedium und Beeinflussungsinstrument.

Neologismen werden auch als ersetzende Bezeichnungen verwendet, wenn dem Bezeichneten eine andere Wertung oder ein anderes Ansehen gegeben werden soll. Beispiel für eine solche Sprachpolitik ist die Deutsche Bahn AG: aus Schaffner wird *Zugbegleiter*, der Schalter wird zum *Servicepoint* und neuerdings zum *Counter*).

Zugleich entzündet sich an Neologismen als Symptom oft ein sprachkritischer Diskurs. Konservative Sprachkritiker machen an Neologismen, und vor allem an Lehnwörtern, einen von ihnen behaupteten Verfall der Sprache fest. Andererseits wird mit den Neologismen ebenfalls die Wandlungsfähigkeit einer Sprache und ihre Fähigkeit belegt, die dem ständig sich wandelnden Benennungsanforderungen gerecht wird.

Neologismen sind auch ein häufiges Instrument von Propaganda. Beispielhaft dafür die 1942 erstmalig verwendete Bezeichnung *gesetzloser Kämpfer (unlawful combatant)* zur Einführung einer Klassifizierung von Kriegsgefangenen, die das Völkerrecht umgeht. Weitere Beispiele sind das *internationale Finanzjudentum, Islamo-Faschismus, sozialbehinderte Jungmigranten.*

Herkunft von Neuwörtern

Eine Quelle von Neologismen ist die Entlehnung aus anderen Sprachen. Ein Sprachsystem stellt aber noch eine Reihe weiterer Mittel für die Neuwortbildung bereit.

Komposition

Die Zusammensetzung neuer Wörter aus existierenden ist im Deutschen der produktivste Wortbildungsprozess und entsprechend auch eine ergiebige Quelle für Neologismen (*Dosenpfand, Genmais*).

Derivation

Die Ableitung mittels Affixen (insbesondere Präfixe oder Suffixe) ist ebenfalls eine ergiebige Quelle. Dabei können Affixe selber Neuprägungen sein (beispielsweise *Cyber-*) und eine größere Gruppe von Neuwörtern prägen (*Cyberpunk, Cyberkriminalität*).

Abkürzungen

sind ein wichtiges Mittel sprachlicher Ökonomie. Verfestigt sich ihr Gebrauch, dann können auch sie als Neologismen betrachtet werden (*SMS, Hiwi, Azubi*).

Zusammenziehungen

im Deutschen *Kofferwort*, im Englischen auch portmanteaus genannt. Diese werden aus dem ersten Teil einen Wortes und dem zweiten Teil eines zweiten Wortes gebildet, Beispiel: *education + entertainment > Edutainment*. Zusammenziehungen sind im Deutschen selten, sie werden meist aus anderen Sprachen entlehnt.

Verballhornung

Bei Verballhornungen bilden sich neue Worte durch bewusste Verzerrung. Beispiel: "Nervenkostüm" statt "Nervensystem", "nichtsdestotrotz" statt "nichtsdestoweniger".

Mechanismen

Ein typischer Fall für ein neu entstehendes Wort ist es, dass ein Wort durch ein anderes ersetzt wird. Oft geschieht dies aus Gründen des Marketing oder der politischen Korrektheit – insbesondere als *Euphemismus*, also um ein negativ belegtes Wort (*Pejorativ*) zu verdrängen.

Manche Wörter unterliegen zudem einer „sprachlichen Inflation" (*Abnutzung*, vergleiche dazu Euphemismus-Tretmühle), und Neuschöpfungen oder die Verwendung außergewöhnlicher Bezeichnungen dienen dazu, den *Sensationswert* zu steigern und Aufmerksamkeit zu erregen. Beispiele aus der Werbung: *Technologie*, wo eigentlich *Technik* gemeint ist, *Zahncreme* anstelle der gewöhnlichen *Zahnpasta* oder exklusive Schreibweise *Cigaretten.*

Ursache ist häufig, dass neue Trends und Entwicklungen – heutzutage meist aus dem englischsprachigen Raum – zu uns gelangen (*Kulturdominanz*), und die Szene oder das Fachpublikum die zugehörigen Begriffe (*Xenismen*) unreflektiert auch im deutschen Kontext verwendet oder eine weniger gelungene Übertragung vornimmt. Das geschieht sogar dann, wenn es einen synonymen Begriff bereits gibt, eventuell gerade in der Absicht, den Benutzer neudeutscher Wörter als Insider durch Nutzung der *Szenesprache* auszuweisen.

Das Wort *Neudeutsch* selbst kann als Beispiel dafür dienen: Es ist eine Neuschöpfung in Analogie zu *Neusprech* (englisch: *Newspeak*) aus dem Roman *1984* von George Orwell. Die Verwendung des Wortes impliziert zumindest eine kritische Distanz des Verwenders gegenüber Neologismen und das Bewusstsein um die „Macht der Sprache", soll ihn also als einer gebildeten und aufmerksamen, wertebewussten Schicht zugehörig auszeichnen.

Im Unterschied dazu stehen Fremdwörter, die sich durchsetzen, weil kein angemessener deutscher Begriff verfügbar ist. Sie dienen oft zunächst der präzisen Ausdrucksweise in Fachkreisen, verbreiten sich dann teilweise in das gehobene Allgemeinwissen, bis einige schließlich im alltäglichen Sprachgebrauch ankommen und nicht mehr als fremd empfunden werden.

Nicht nur Fremdes, auch regionale Unterschiede können über den Jargon der Massenmedien in das Standarddeutsch eingehen. Ein Beispiel sind autochthone Varianten, die sich in den Jahren der Trennung Deutschlands Mitte des 20. Jahrhunderts unterschiedlich entwickelt haben, wie *Goldbroiler* und *Brathähnchen*.

Beispiele

- *Podcast*, zusammengesetzt aus Apples „iPod" und *broadcast* (engl. *Sendung*): Eine Sendung, die man auf einem MP3-Player wie dem iPod nachträglich anhören kann, indem man diese aus dem Internet herunterlädt.
- *Politesse*, aus *Polizei* und *Hostess*
- *sitt*, als Anlehnung an *satt*: nicht mehr durstig. Im Rahmen eines Wettbewerbs zur Suche eines entsprechenden Wortes erfunden.
- *Blog, Vlog*, abgeleitet von *web-log* bzw. *video-log* (engl. für *Internet-/Video-Tagebuch*) – häufig aktualisierte Homepage im Internet.
- *Folksonomy*, kollaborative Praxis und (Selbst-)Organisationsform von Menschen (etwa in der Arbeit von Wikipedia).
- *Staatenverbund*
- *Menschenmaterial*
- *Eierschalensollbruchstellenverursacher* (Produkt zum Öffnen gekochter Eier)
- *Verkehrsordnungswidrigkeitenrecht* (bestimmte Rechtsabteilung)
- *Islamophobie*
- *Quadrilogie* oder *Quadrilogy* anstelle von *Tetralogie*

Neologismen bei gesellschaftlichen und politischen Veränderungen

Gesellschaftliche Veränderungen, die eine politische Legitimation benötigen, führten oft zur Neuschöpfung von Wörtern.

Kolonialistische Neologismen

Mit dem Kolonialismus und der Entwicklung von Rassetheorien bildeten sich in der deutschen Afrikaterminologie [4] eine Vielzahl neuer Begriffe. Im Kontext des Kolonialismus war Sprache ein wichtiges Medium zur Herstellung und Vermittlung des Legitimationsmythos, Afrika sei das homogene und unterlegene »Andere« und bedürfe daher der »Zivilisierung« durch Europa. Dieser Ansatz schlägt sich in der kolonialen Benennungspraxis nieder. Grundsätzlich sind zunächst einmal afrikanische Eigenbezeichnungen ignoriert worden. Da Afrika aber als »das Andere« konstruiert wurde, weigerten sich die europäischen Okkupant/inn/en gleichzeitig, für gegenwärtige europäische Gesellschaften gültige Begriffe auf den afrikanischen Kontext zu übertragen.[5]

Arndt und Hornscheidt weisen darauf hin, wie diese Begriffe die Abwertung und Versklavung von Menschen „legitimierten" und bis heute eine europäische Sichtweise im „Alltagdiskurs" darstellen:

> „Alternativ etablierten Weiße auf der Grundlage ihrer Hegemonie neue Begriffe. So wurde etwa für die Vielzahl von Selbstbezeichnungen für Herrscher/innen in afrikanischen Gesellschaften ganz pauschal der Begriff »Häuptling« eingeführt. ... Kulturell, politisch und linguistisch entbehrt dieses abwertende Konstrukt jeder Grundlage. Indem, wie etwa im Fall von »Häuptling«, »Medizinmann« und »Buschmänner«, Wörter eingeführt wurden, die mit Männern assoziiert werden bzw. denen per se eine weibliche Form fehlt, bleiben zudem die Existenz und reale gesellschaftliche Position von Frauen ausgeblendet. Andere Neologismen bauen auf der überholten Annahme auf, dass Menschen in »Rassen« unterteilt werden können. Dazu gehören etwa Termini wie »Neger/in«, »Schwarzafrika«, »Mulatte« und »Mischling«. So wird ein schwarzer Deutscher, nicht aber ein Kind aus einer weißen französisch-deutschen Beziehung als »Mischling« bezeichnet."
>
> – nach Arndt, Hornscheidt[5]

Zur Praxis der Ausgrenzung durch Sprache gehört es auch, Begriffe zu verwenden, die dem „Nicht-Weißen" eine Kultur absprechen und sie als rückschrittlich bezeichnen:

> „Zweitens handelt es sich um historisierende Begriffe, die im deutschen Sprachgebrauch Konnotationen von »Primitivität« und »Barbarei« tragen. So bezeichneten Weiße etwa in Anlehnung an die historisierende Bezeichnung »germanische Stämme« Organisationsformen in Afrika pauschal als »Stämme«. Damit negierten sie nicht nur die Vielfalt von Gesellschaften in Afrika, sondern machten diese zudem, wenn überhaupt, als höchstens mit einer früheren Epoche europäischer Geschichte vergleichbar. Mit diesem Verfahren konnten diskriminierende Perspektiven und Konstruktionen von Afrika als »das Andere« sowie unterlegen, »rückschrittlich« und veraltet hergestellt und transportiert werden."
>
> – nach Arndt, Hornscheidt[5]

Siehe auch

- Archaismus
- Kontamination
- Kunstwort
- Kofferwort
- Medienpreis für kreative Wortschöpfungen
- Sprachgebrauch in der DDR
- Politische Korrektheit
- Sprachnormierung
- Sprachmanipulation
- Sprachregelung

Literatur

Wörterbücher

- John Algeo: *Fifty years among the new words: a dictionary of neologisms, 1941 - 1991.* CUP, Cambridge 1991, ISBN 0-521-41377-X
- Alfred Heberth: *Neue Wörter. Neologismen in der deutschen Sprache seit 1945*, Verlag der Wissenschaften, Wien 1977.
- Dieter Herberg, Michael Kinne, Doris Steffens: *Neuer Wortschatz. Neologismen der 1990er Jahre im Deutschen*, De Gruyter, Berlin 2004, ISBN 3-11-017751-X
- Susan Arndt und Antje Hornscheidt (Hg.) (2005): *Afrika und die deutsche Sprache. Ein kritisches Nachschlagewerk.* Unrast Verlag. Münster. ISBN 3-89771-424-8

- Uwe Quasthoff (Hg.): *Deutsches Neologismenwörterbuch. Neue Wörter und Wortbedeutungen in der Gegenwartssprache.* Berlin, De Gruyter, 2007, ISBN 978-3-11-018868-4

Darstellungen

- Robert Barnhart, Clarence Barnhart: *The Dictionary of Neologisms,* – in: Franz J. Hausmann (Hrsg.): *Wörterbücher, Dictionaries, Dictionnaires. Ein internationales Handbuch zur Lexikographie,* Berlin, De Gruyter,
  - Teilband 2, 1990, ISBN 3-11-012420-3, S. 1159-1166
- 1975 bis 1983: Neue Wörter und ihre Bedeutungen; in: Meyers Großes Jahreslexikon (jeweils unter dem Stichwort „Wort")
- Wolfgang Müller: Neue Wörter und neue Wortbedeutungen in der deutschen Gegenwartssprache; in: Universitas 8/1976, Seite 867 bis 873
- 1994 bis 2005: „Neue Wörter"; in: Brockhaus Enzyklopädie Jahrbuch (jeweils unter dem Stichwort „Wort")
- Wolfgang Müller: „Schlammschlacht". Schon gehört? Ein Desiderat: Das deutsche Neologismenwörterbuch; in: Sprache und Literatur in Wissenschaft und Unterricht, 60/1987, Seite 82 bis 90
- Doris Steffens: *Von „Aquajogging" bis „Zickenalarm". Neuer Wortschatz im Deutschen seit den 90er Jahren im Spiegel des ersten größeren Neologismenwörterbuches.* In: *Der Sprachdienst* 51, H. 4, 2007, S. 146-159.
- Wolfgang Teubert (Hrsg.): *Neologie und Korpus,* Narr, Tübingen, 1990, ISBN 3-8233-5141-9 (Studien zur deutschen Sprache 11)

Weblinks

- Die Wortwarte [6] - Wörter für heute und morgen
- Sprachnudel [7] – Wörterbuch für sprachliche Trends
- Ideesamkeit [8] – Worterfindungen
- Enzyglobe [9] – Verbarium, Sammlung von Neologismen

Einzelnachweise

[1] Hadumod Bußmann: *Lexikon der Sprachwissenschaft.* 3., aktualisierte und erweiterte Auflage. Kröner, Stuttgart 2002. ISBN 3-520-45203-0.

[2] Helmut Glück (Hrsg.), unter Mitarbeit von Friederike Schmöe: *Metzler Lexikon Sprache.* Dritte, neubearbeitete Auflage. Metzler, Stuttgart/ Weimar 2005. ISBN 978-3-476-02056-7.

[3] Wolfgang Fleischer, Irmhild Barz: *Wortbildung der deutschen Gegenwartssprache.* Unter Mitarbeit von Marianne Schröder. 2., durchgesehene und ergänzte Auflage. Niemeyer, Tübingen 1995, S. 264.ISBN 3-484-10682-4.

[4] [[Susan Arndt (http://www.bpb.de/popup/popup_druckversion.html?guid=2IQNTS)]: Kolonialismus, Rassismus und Sprache. Kritische Betrachtungen der deutschen Afrikaterminologie]

[5] Susan Arndt und Antje Hornscheidt (Herausg.): Afrika und die deutsche Sprache. Ein kritisches Nachschlagewerk. Unrast Verlag, 2004. Seite 18

[6] http://www.wortwarte.de

[7] http://www.sprachnudel.de

[8] http://www.ideesamkeit.de

[9] http://www.enzyglobe.net

Beutelsäuger

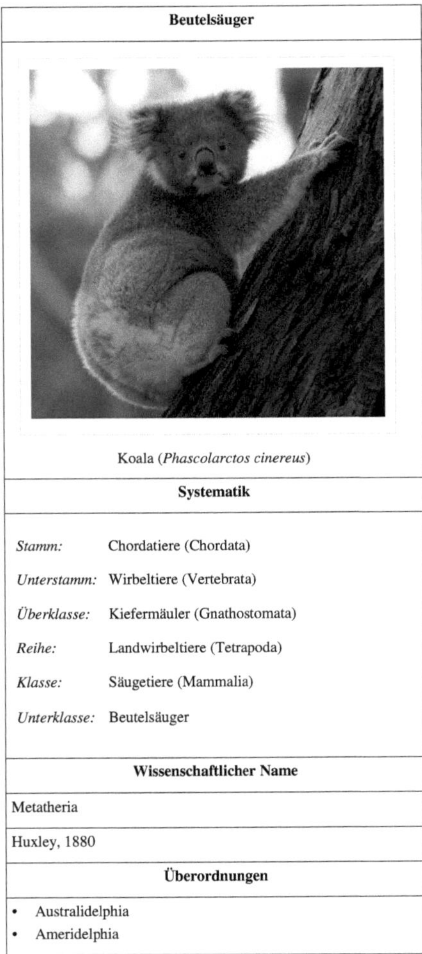

Beutelsäuger

Koala (*Phascolarctos cinereus*)

Systematik

Stamm:	Chordatiere (Chordata)
Unterstamm:	Wirbeltiere (Vertebrata)
Überklasse:	Kiefermäuler (Gnathostomata)
Reihe:	Landwirbeltiere (Tetrapoda)
Klasse:	Säugetiere (Mammalia)
Unterklasse:	Beutelsäuger

Wissenschaftlicher Name

Metatheria

Huxley, 1880

Überordnungen

- Australidelphia
- Ameridelphia

Die **Beutelsäuger** oder **Beuteltiere** (Metatheria oder Marsupialia) bilden eine Unterklasse innerhalb der Säugetiere (Mammalia). Sie unterscheiden sich von den Höheren Säugetieren oder Plazentatieren (Eutheria) unter anderem darin, dass die Jungtiere in einem sehr frühen, embryoartigen Stadium geboren werden und anschließend oft in einem Beutel der Mutter heranwachsen. Heute leben in Australien und Amerika ungefähr 320 Beuteltierarten, das sind rund 6 Prozent aller rezenten Säugetierarten.

Körperbau

Beutelsäuger haben die für Säugetiere typischen Merkmale wie ein Fellkleid aus Haaren, die drei Gehörknöchelchen, das Zwerchfell und andere, die in Körperbau der Säugetiere beschrieben sind. Es gibt aber eine Reihe anatomischer Merkmale neben den auffälligen Unterschieden in der Gebärweise, die sie von den Höheren Säugern abgrenzen.

Schädel und Zähne

Der Bau des Schädels weist einige Besonderheiten auf. Generell ist der Hirnschädel relativ klein und eng, was sich in einem im Vergleich zu Höheren Säugetieren mit gleicher Körpergröße kleinerem – und einfacher gebautem – Gehirn widerspiegelt. Das Tränenloch (*Foramen lacrimale*) liegt vor der Orbita, das Jochbein ist vergrößert und erstreckt sich weiter nach hinten und der Winkelfortsatz (*Processus angularis*) des Unterkiefers ist zur Mitte hin eingebogen. Ein weiteres Merkmal ist die Gaumenplatte, die im Gegensatz zu den Höheren Säugern stets mehrere Foramina (Öffnungen) aufweist.

Auch das Gebiss dieser Tiere unterscheidet sich in einigen Aspekten von dem der Plazentatiere, so haben alle Taxa mit Ausnahme der Wombats eine unterschiedliche Anzahl von Schneidezähnen im Ober- und Unterkiefer. Die frühen Beutelsäuger wiesen eine Zahnformel von 5/4-1/1-3/3-4/4 auf, das heißt, pro Kieferhälfte haben sie fünf (Oberkiefer) bzw. vier (Unterkiefer) Schneidezähne, einen Eckzahn, drei Prämolaren (Vorbackenzähne) und vier Molaren (Backenzähne),

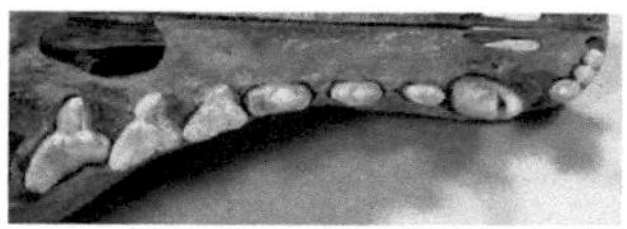

Foramen im Gaumen des Beutellöwen

insgesamt also 50 Zähne. Manche Taxa wie die Beutelratten weisen noch die ursprüngliche Zahnzahl auf, bei anderen Gruppen ist es ernährungsbedingt zu einer Reduktion der Anzahl der Zähne gekommen. Noch heute haben Beutelsäuger in vielen Fällen 40 bis 50 Zähne, also deutlich mehr als vergleichbare Plazentatiere. Auffällig dabei ist die hohe Anzahl von Schneidezähnen im Oberkiefer (bis zu zehn) und dass mehr Molaren als Prämolaren vorhanden sind. Ein Zahnwechsel findet nur beim 3. Prämolaren statt, alle übrigen Zähne werden bereits als bleibende Zähne angelegt. Die Molaren erfahren nach ihrem Durchbruch eine horizontale Verlagerung, das heißt, dass die Backenzähne im Lauf des Lebens nach vorne rücken und dort am stärksten abgenutzt sind.

Übriger Körperbau

Im Skelett des übrigen Körpers gibt es wenig allgemeine Merkmale. Neben Details im Bau des Knöchels sind für diese Tiere vor allem die Beutelknochen (*Ossa epubica*) charakteristisch, zwei vom Schambein des Beckens nach vorne ragende Knochen. Da diese auch bei Männchen und bei beutellosen Arten vorhanden sind, geht man davon aus, dass diese Knochen ursprünglich nichts mit der Fortpflanzung zu tun hatten, sondern dem Muskelansatz für die Bewegung der hinteren Gliedmaßen dienten. Da auch die eierlegenden Ursäuger Beutelknochen aufweisen, wird vermutet, dass es sich dabei um ein ursprüngliches Säugetiermerkmal handeln könnte. Im Bau der Fortpflanzungsorgane unterscheiden sich die Beutelsäuger ebenfalls von den Höheren Säugetieren. Bei ihnen ist der Fortpflanzungstrakt verdoppelt, Weibchen haben zwei Uteri und zwei Vaginae, von denen eine jedoch eine Pseudovagina ist. Auch die Männchen besitzen einen gespaltenen oder doppelten Penis mit davorliegendem Scrotum.

Ein Beutel (*Marsupium*) ist bei etlichen, aber bei weitem nicht bei allen Arten vorhanden. Manche Beutelsäuger besitzen einen permanenten Beutel, bei anderen entwickelt er sich nur während der Tragzeit, wieder andere Arten wie die Mausopossums sind beutellos, die Jungtiere sind dann nur durch Hautfalten oder im Fell der Mutter verborgen. Die Anordnung des Beutels ist variabel, um dem Nachwuchs je nach Lebensweise größtmöglichen Schutz zu gewähren. So haben die sich hüpfend fortbewegenden Kängurus die Beutelöffnung vorne, während viele andere auf allen Vieren gehende oder kletternde Arten die Öffnung hinten haben. Meist besitzen nur weibliche Tiere einen Beutel, allerdings ist bei dem im Wasser lebenden Schwimmbeutler dieser auch bei Männchen vorhanden und dient dazu, beim Schwimmen oder schnellen Laufen den Hodensack darin unterzubringen.

Allgemeines und Konvergenzen

Beutelsäuger weisen in ihrem Körperbau eine hohe Vielfalt auf und stellen somit Anpassungen an verschiedenste Lebensräume dar. Als größter lebender Beutelsäuger gilt das Rote Riesenkänguru mit bis zu 1,8 Metern Höhe und 90 Kilogramm Gewicht, wobei allerdings ausgestorbene Gattungen wie *Diprotodon* deutlich größer und schwerer waren. Die kleinsten Vertreter dieser Gruppe sind die Flachkopf-Beutelmäuse, die oft nur 5 Zentimeter Kopfrumpflänge und 5 Gramm Gewicht erreichen.

Einige Arten zeigen erstaunliche Parallelen zu Höheren Säugetieren und bilden Musterbeispiele für konvergente Evolution. So ähnelte der ausgestorbene

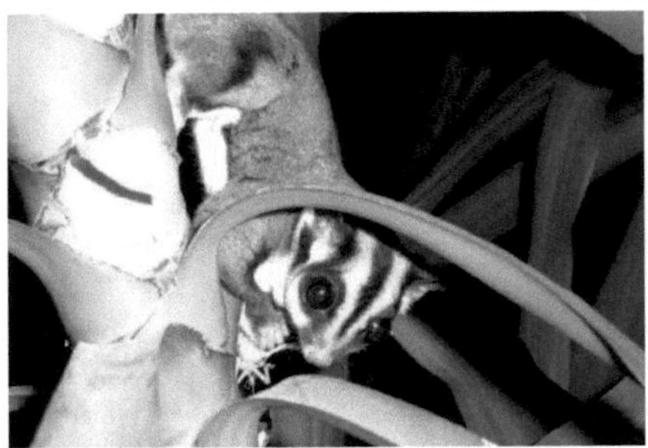

Der Kurzkopfgleitbeutler zählt zu den Beutelsäugern, die mittels einer Membran Gleitflüge unternehmen können

Beutelwolf stark dem plazentalen Wolf. Eine Gleitmembran und die damit verbundene Fähigkeit zum Gleitflug hat sich sowohl bei manchen Beutelsäugern (zum Beispiel Gleithörnchenbeutler und Riesengleitbeutler) und einigen Höheren Säugetieren (zum Beispiel Gleithörnchen und Riesengleiter) unabhängig voneinander entwickelt. Manche Gruppen – etwa Beutelratten, Beutelmäuse oder Beutelmarder deuten auch in ihrem Namen die Ähnlichkeit zu Plazentatieren an. Andere Gruppen wie die Kängurus sind hingegen gänzlich ohne plazentale Pendants.

Verbreitung und Lebensräume

Beutelsäuger sind auf dem amerikanischen Kontinent und im australischen Raum beheimatet. Innerhalb Amerikas leben die meisten Arten in Südamerika, einige Arten sind auch in Mittelamerika verbreitet. In Nordamerika gibt es eine einzige Art, das Nordopossum, das im Gefolge des Menschen sein Verbreitungsgebiet über Teile der USA und sogar Kanada ausgedehnt hat.

Im australischen Raum sind die meisten Arten in Australien oder Neuguinea beheimatet. Auch im östlichen Indonesien, von Sulawesi und den Molukken an ostwärts gibt es Beutelsäuger, die Westgrenze ihres Verbreitungsgebietes dort wird als Wallace-Linie bezeichnet. Im Osten erstreckt

Nacktnasenwombat

sich ihr Verbreitungsgebiet bis zu den Salomonen, auf den übrigen Inseln des Pazifischen Ozeans gibt es wie auch auf Neuseeland keine Beutelsäuger.

Beutelsäuger haben unterschiedlichste Lebensräume besiedelt, sie finden sich in Wäldern, Grasländern, im gebirgigen Terrain und auch in Wüsten. Auffällig ist, dass sich bei diesen Tieren im Gegensatz zu den Höheren Säugern kaum Arten an das Wasser als Lebensraum angepasst haben, lediglich der Schwimmbeutler und in geringerem Ausmaß die Dickschwanzbeutelratte führen eine aquatische Lebensweise und sind mit Schwimmhäuten und wasserdicht verschließbarem Beutel für das Leben im Wasser gerüstet. Viele Arten sind Baumbewohner und zeigen mit opponierbarem Daumen und Greifschwanz gute Anpassungen an diesen Lebensraum, andere sind reine Bodenbewohner.

Lebensweise

So vielfältig wie die Habitate der Beutelsäuger sind auch ihre Lebensweisen, und es lassen sich kaum verallgemeinernde Aussagen treffen. Es finden sich sowohl tag- wie auch dämmerungs- oder nachtaktive, einzelgängerische und in Gruppen lebende Arten. Im Vergleich zu den Höheren Säugern ist ihr Sozialverhalten jedoch eher unterentwickelt, viele Arten leben einzelgängerisch oder in lockeren Verbänden ohne dauerhafte Sozialstrukturen; Gruppen mit komplexen Rangordnungen gibt es nur selten.

Auch die Ernährungsweise variiert erheblich. Es gibt ausgesprochene Herbivoren (Pflanzenfresser) wie Kängurus, Wombats und Koalas und Omnivoren (Allesfresser) wie die Beutelratten und die Nasenbeutler. Fleischfresser finden sich beispielsweise bei den Mausopossums und den Raubbeutlern. Nach dem Aussterben der großen karnivoren (fleischfressenden) Arten wie Beutellöwe und Beutelwolf ist der Beutelteufel das größte heute noch lebende carnivore Beuteltier.

Fortpflanzung

Neben den oben beschriebenen Besonderheiten der Beutelsäuger im Bau des Fortpflanzungstraktes unterscheiden sie sich auch in der Fortpflanzungsweise deutlich von den höheren Säugetieren. Die meisten Arten entwickeln keine echte Plazenta, durch das Fehlen des Trophoblast ist keine immunologische Barriere zwischen Keim und Mutter vorhanden, sodass die Tragzeit abgeschlossen sein muss, bevor die Immunabwehr der Mutter voll wirksam wird. Der Keim wird über einen Dottersack ernährt, es gibt allerdings auch einige Arten, bei denen eine echte Plazenta vorhanden ist, darunter die Nasenbeutler oder der Koala. Die Trächtigkeitsdauer ist kurz, sie beträgt zwischen 11 und 43 Tagen. Am kürzesten ist sie bei der Schmalfußbeutelmaus *Sminthopsis macroura* mit nur 10,5 bis 11 Tagen.

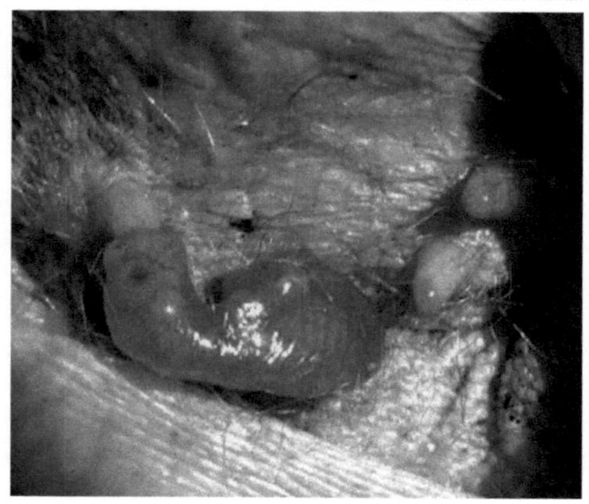
neugeborenes Kängurubaby im Beutel der Mutter

Die Neugeborenen kommen durch einen zwischen den Vaginae liegenden Geburtskanal zur Welt, der bei vielen Arten eigens für die Geburt angelegt wird. Neugeborene Beutelsäuger sind klein und im Vergleich zu den Höheren Säugetieren unterentwickelt. Das Gewicht des Wurfes beträgt stets weniger als 1 % des Gewichts der Mutter, die Babys der Rüsselbeutler wiegen gar nur fünf Milligramm und sind somit die kleinsten neugeborenen Säugetiere überhaupt. Neugeborene Beutelsäuger haben erst rudimentär entwickelte Organe, lediglich die Vordergliedmaßen sind gut entwickelt, da der Nachwuchs aus eigener Kraft zu den Zitzen der Mutter krabbeln muss.

Wie oben erwähnt, besitzen nicht alle Beutelsäuger einen Beutel, in welchem sich die Zitzen befinden. Bei manchen Arten hängen die Jungtiere frei an der Zitze der Mutter, lediglich durch ihr Fell oder Hautfalten verborgen. Neugeborene klammern sich mit dem Mund an die Zitze und bleiben während der ersten Lebenswochen fix mit ihr verbunden. Die Säugezeit dauert im Vergleich zu den Höheren Säugetieren länger.

Früher wurde die Gebärweise der Beutelsäuger als eine primitive, im Vergleich zu den Höheren Säugetieren unterentwickelte Methode betrachtet. Auch die Verdrängung mancher Beuteltiere durch eingeschleppte Höhere Säugetiere hat zu diesem Vorurteil beigetragen. Abgesehen davon, dass dieses „Fortschrittsvorurteil" hin zur Entwicklung des Menschen in der modernen Systematik weitgehend abgelöst wurde und etliche Beuteltierarten ihr

Verbreitungsgebiet sehr erfolgreich ausgedehnt haben, bietet die Fortpflanzungsmethode der Beutelsäuger auch Vorteile: zum einen ist die für die Mutter anstrengende Tragzeit verkürzt, zum anderen kann weit schneller als bei Plazentatieren erneut ein Jungtier zur Welt gebracht werden, sollte das früher Geborene sterben. Nach Berechnungen von M. B. Renfrew (zitiert nach Kemp, 2005) ist der komplette Energieaufwand der Mutter bei beiden Fortpflanzungsweisen nahezu gleich, bei den Beutelsäugern ist er aber über einen längeren Zeitraum verteilt. Demzufolge seien Höhere Säugetiere besser an eine Fortpflanzung unter klimatisch ungünstigen Verhältnissen angepasst, bei denen nur über kurze Zeit ausreichend Nahrung vorhanden ist.

Entwicklungsgeschichte

Nach Meinung der meisten Wissenschaftler haben Beutel- und Höhere Säugetiere einen gemeinsamen Vorfahren, das gemeinsame Taxon wird Theria genannt und bildet das Schwestertaxon der eierlegenden Ursäuger (Protheria). Einige Forscher vertreten jedoch die Theorie, Beutel- und Ursäuger bilden ein gemeinsames Taxon, Marsupionta, das das Schwestertaxon der Höheren Säuger sei. Diese Theorie wird mit gewissen molekulargenetischen Übereinstimmungen begründet, ist jedoch eine Minderheitenmeinung.

Ursprung und frühe Vertreter

Bis vor kurzem waren Beutelsäuger des Mesozoikums nur aus Nordamerika bekannt und man hielt diesen Kontinent lange Zeit für den Ursprungsort dieser Gruppe. Funde in Ostasien aus jüngster Zeit widersprechen jedoch dieser Theorie. Als ältester bekannter Vertreter gilt die rund 125 Millionen Jahre alte Art *Sinodelphys szalayi*, deren Überreste in der chinesischen Provinz Liaoning gefunden wurden. *Sinodelphys szalayi* ist jedoch nicht der unmittelbare Vorfahre der heutigen Beutelsäuger, sondern einer größer gefassten Gruppe, die einige wenig bekannte ausgestorbene asiatische Taxa wie die Deltatheroida und die Asiadelphia mit einschließt.

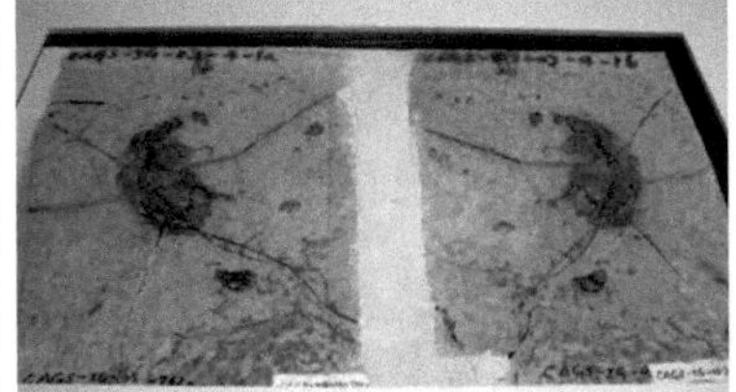

Fossil des ca. 15 cm langen Baumbewohners *Sinodelphys szalayi*, das älteste bis heute bekannte Beuteltier

Nordamerika

Nachfahren dieser frühesten Entwicklungslinie müssen danach in Nordamerika eingewandert sein, von diesem Kontinent stammen die weitaus meisten Funde der Kreidezeit, die auch die Vorfahren aller heute lebenden Beutelsäuger sind. Als einer der frühesten bekannten nordamerikanischen Vertreter gilt *Kokopellia juddi*, dessen Alter auf rund 100 Millionen Jahre geschätzt wird. Im Anschluss kam es zu einer großen Radiation, aus der Oberkreide Nordamerikas sind mehrere Familien bekannt. Mit *Alphadon* lebte auch schon ein Vertreter der heutigen Beutelratten, auch frühe Formen der Ordnung der Paucituberculata, die bis heute in den Mausopossums weiterlebt, wurden gefunden.

Die nordamerikanischen Beutelsäuger starben am Ende des Mesozoikums weitgehend aus, vermutlich hervorgerufen durch die Einwanderung plazentaler Säugetiere aus Asien. Im Känozoikum gab es nur noch sehr wenige Gattungen (aus der Familie der Peradectidae), doch spätestens im Miozän waren auch diese Formen ausgestorben. Erst vor etwa 3 Millionen Jahren, als sich im späten Pliozän mit dem Isthmus von Panama eine Landbrücke zwischen Nord- und Südamerika bildete, konnten in dem darauf folgenden Großen Amerikanischen Faunenaustausch südamerikanische Beuteltiere (Beutelratten) in das nördliche Amerika einwandern. Das Nordopossum ist heute die einzige Beutelsäugerart Nordamerikas.

Das Nordopossum ist der einzige heute in Nordamerika lebende Vertreter der Beutelsäuger

Vertreter der Peradectidae breiteten sich im Känozoikum auch nach Afrika, Europa und Asien aus. Dieser Vorgang beschränkte sich jedoch auf einige wenige Arten, die sich nicht dauerhaft etablieren konnten und ebenfalls spätestens im Miozän ausgestarben. Seitdem gibt es in Eurasien und Afrika keine Beutelsäuger mehr.

Südamerika

Wann genau die Beutelsäuger Südamerika erreichten, ist nicht bekannt, die ersten zweifelsfrei dieser Gruppe zuordenbaren Funde stammen aus dem frühen Paläozän („Tertiär"). Da Südamerika während der längsten Zeit des Känozoikums von den übrigen Kontinenten getrennt war, entwickelte sich dort eine einzigartige Fauna, zu der auch drei Ordnungen von Beutelsäugern zählten. Dies waren zum einen die Beutelratten (Didelphimorphia), zum anderen die Paucituberculata, die einen großen Artenreichtum entwickelten und heute nur noch in Form der Mausopossums überleben. Die dritte Gruppe waren die heute ausgestorbenen Sparassodonta, auch „Beutelhyänen" genannt, die neben den Terrorvögeln (Phorusracidae) und terrestrischen Krokodilen (Sebeciden) die einzigen größeren Fleischfresser dieses Kontinents darstellten. Der bekannteste Vertreter der Sparassodonta ist wohl der säbelzahnkatzenähnliche *Thylacosmilus*.

Viele Beuteltierarten in Südamerika starben gemeinsam mit anderen endemischen Säugetierarten aus, als Süd- und Nordamerika vor rund 2,5 Millionen Jahren durch die Landbrücke Mittelamerikas verbunden wurden und Arten aus dem Norden in den Süden einströmten. Allerdings konnten einige Beutelsäugerarten im Anschluss daran ihr Verbreitungsgebiet nach Mittelamerika ausdehnen.

Antarktis

Auch wenn es bislang nur wenig Fossilienfunde gibt, steht doch weitgehend außer Zweifel, dass der antarktische Kontinent im Känozoikum bis zu seiner Vereisung eine reiche Beuteltierfauna beherbergte. Die einzigen Funde wurden auf der Seymour-Insel vor der Antarktischen Halbinsel gemacht und stammen aus dem mittleren oder späten Eozän. Die gefundenen Arten sind mit den damals in Südamerika lebenden Tieren verwandt, paläobiogeographisch ist diese Verbindung gut belegt, da die Drakestraße (die heute zwischen Südamerika und der Antarktis liegt) erst vor rund 35 bis 30 Millionen Jahren entstand. Im Zuge der damit verbundenen Entstehung des Antarktischen Zirkumpolarstroms kam es zur Vereisung der Antarktis und zum Aussterben aller dort lebenden Landsäugetiere.

Australien

Darüber, wann und in welchem Formenreichtum die Beutelsäuger nach Australien kamen, ist so gut wie nichts bekannt. Da sich der australische Kontinent wohl erst zu Beginn des Eozäns von der Antarktis loslöste, ist eine Einwanderung über ein früher noch eisfreies Antarktika der einzig logische Weg zur Besiedlung. Die ältesten Beuteltierfunde stammen aus Tingamarra im südöstlichen Queensland und werden auf das frühe Eozän datiert. Da sie aber weitgehend aus Kieferfragmenten und Zähnen bestehen, ist eine systematische Zuordnung schwierig. Danach klafft erneut eine große Lücke im Fossilbericht, erst aus der Zeit des späten Oligozäns (vor rund

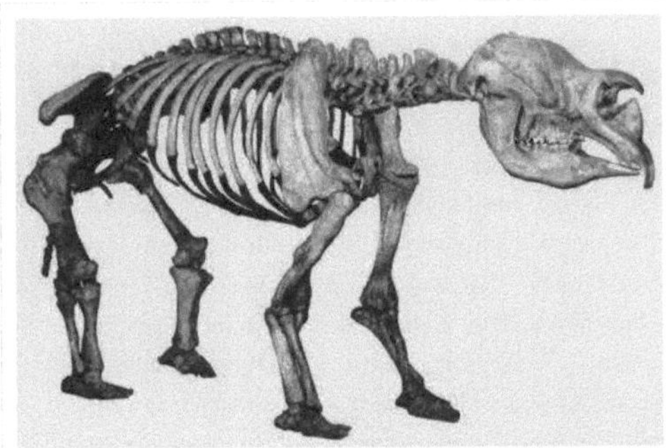

Skelett von *Diprotodon optatum*, eines vor rund 50.000 Jahren ausgestorbenen, riesigen Beutelsäugers

25 Millionen Jahren) gibt es wieder Funde. Aus dieser Epoche und aus dem Miozän sind dann Vorfahren der meisten der heutigen Familien bekannt. Gänzlich ausgestorbene Gruppen gibt es kaum, bis auf die durch ihre auffallenden Zähne charakterisierte Gattung *Yalkaparidon* lassen sich alle Funde in eine der heutigen vier in Australien lebenden Ordnungen (siehe unten) eingliedern. Bis zur Ankunft des Menschen sind Beutelsäuger in Australien die dominante Säugergruppe geblieben, außer einigen Vertretern der Fledertiere und der Altweltmäuse konnten sich keine Höheren Säugetiere dort etablieren.

Im Zeitraum von vor 51.000 bis vor 38.000 Jahren kam es in Australien zu einem Massenaussterben von Großsäugern. Davon betroffen waren unter anderem die riesenhaften Diprotodonten, drei Meter hohe Kängurus wie *Procoptodon* oder Beutellöwen wie *Thylacoleo carnifex*. Dieses Phänomen war allerdings nicht auf Australien beschränkt, es kam nahezu weltweit zu einem Aussterben der Großsäuger am Ende des Pleistozäns (siehe auch den betreffenden Abschnitt unter Säugetiere). Über die Ursachen dieses Aussterbens gibt es eine heftige Kontroverse zwischen Vertretern der Overkill-Hypothese, die die Bejagung durch den Menschen dafür verantwortlich machen und anderer Forschern, die in klimatischen Veränderungen während der Eiszeiten die Schuld suchen. Für die Overkill-Hypothese spricht, dass ähnliche Vorgänge auch auf anderen Kontinenten beobachtet wurden, dass das Aussterben zeitgleich ungefähr mit der Besiedlung Australiens durch den Menschen korreliert und dass bei keinem anderen Aussterbevorgang eine derartige Einschränkung auf die Körpergröße gefunden wurde. Gegner der Bejagungshypothese wenden ein, die primitiven Jagdmethoden und die geringe Bevölkerungsdichte der frühen Menschen hätten keinen so großen Einfluss auf die Populationsgröße haben können und verweisen auf Kälte und Dürre, bedingt durch die Vergletscherung großer Teile der Erde. In jüngerer Zeit mehren sich die Thesen, dass eine Vermischung beider Faktoren die Schuld am Massenaussterben tragen. So seien für die durch klimatische Veränderungen bereits in Mitleidenschaft gezogenen Populationen die Jagd der ausschlaggebende Punkt für die Ausrottung gewesen.

Innere Systematik

In früheren Systematiken wurden alle Beutelsäuger in einer einzigen Ordnung, Marsupialia, zusammengefasst. Die moderne Forschung differenziert stärker und teilt sie in sieben Ordnungen, die in zwei Überordnungen eingeordnet werden können.

Der Beutelteufel ist der größte Vertreter der Raubbeutlerartigen

- Die **Ameridelphia** umfassen mit einer Ausnahme alle auf dem amerikanischen Kontinent lebenden Beutelsäuger, sie werden in zwei Ordnungen unterteilt.

  - Die Beutelratten (Didelphimorphia) sind die vielleicht urtümlichste Beuteltiergruppe, von den rund 80 Arten sind die Opossums die wohl bekanntesten.
  - Die Mausopossums (Caenolestidae) sind die einzigen rezenten Vertreter der einst formenreichen Ordnung der Paucituberculata. Sie leben im westlichen Südamerika und weisen im Körperbau und der Lebensweise Ähnlichkeiten mit den Spitzmäusen auf.

- Die **Australidelphia** bestehen aus fünf Ordnungen und fassen die im australischen Raum lebenden Arten sowie die Chiloé-Beutelratte zusammen.

  - Die Chiloé-Beutelratte (*Dromiciops gliroides*) aus dem südlichen Südamerika ist der einzige rezente Vertreter der Ordnung Microbiotheria und ist näher mit den australischen als mit den übrigen amerikanischen Beuteltieren verwandt.
  - Die Beutelmulle (Notoryctemorphia) setzen sich aus nur zwei Arten zusammen, sie weisen in Körperbau und Lebensweise Ähnlichkeiten mit den Maulwürfen auf.
  - Die Raubbeutlerartigen (Dasyuromorphia) sind überwiegend fleischfressende Tiere. Zu ihnen zählen unter anderem die Beutelmarder, die Beutelmäuse, der Beutelteufel, der Ameisenbeutler und der im 20. Jahrhundert ausgestorbene Beutelwolf.
  - Die Nasenbeutler oder Bandikuts (Peramelemorphia) sind eine relativ artenarme Gruppe bodenbewohnender, allesfressender Tiere.
  - Die Diprotodontia, für die es bislang keinen deutschen Namen gibt, sind die arten- und formenreichste Gruppe. Sie werden anhand morphologischer Merkmale der Zähne und Zehen zusammengefasst und fassen unter anderem die Kängurus, die Wombats, den Koala und mehrere Familien gleitender oder baumbewohnender Beutelsäuger zusammen. Auch mehrere ausgestorbene Gruppen wie die Diprotodonten oder die Beutellöwen werden zu den Diprotodontia gerechnet.

Die Verwandtschaftsverhältnisse innerhalb der Beuteltiere ist immer noch umstritten und Gegenstand wissenschaftlicher Diskussionen. Als einigermaßen gesichert gilt, dass die Ameridelphia eine paraphyletische Gruppe sind, da sich die Australidelphia aus ihnen entwickelt haben und dass die Beutelratten das Schwestertaxon aller übrigen Beuteltiere sind. Das kommt in folgenden Diagramm zum Ausdruck:

Beutelsäuger (Metatheria) — N.N. — Mausopossums (Paucituberculata) / Australidelphia

Beutelratten (Didelphimorphia)

Die Australidelphia sind höchstwahrscheinlich monophyletisch, das heißt sie umfassen alle Nachkommen eines gemeinsamen Vorfahren. Über die Abstimmungslinien innerhalb dieser Gruppe herrscht Unklarheit. Heather Amrine-Madsen präsentierte 2003 anhand molekulargenetischer Vergleiche folgendes Kladogramm (zitiert nach Kemp, 2005):

Diprotodontia

Nasenbeutler (Peramelemorphia)

Australidelphia — N.N. — N.N. — N.N. — Beutelmulle (Notoryctemorphia) / Raubbeutlerartige (Dasyuromorphia)

Chiloé-Beutelratte (Microbiotheria)

Andere Ansätze fassen hingegen die Nasenbeutler und Diprotodontia zu einem Taxon Syndactyli zusammen, was morphologisch durch die zusammengewachsene zweite und dritte Zehe der hinteren Gliedmaßen unterstützt wird, aber möglicherweise nur eine Analogie darstellt. Wieder andere Untersuchungen stellen die Chiloé-Beutelratte und die Diprotodontia in eine gemeinsame Abstammungslinie und sehen die Nasenbeutler als Schwestertaxon der übrigen Australidelphia. Eine allgemein anerkannte phylogenetische Systematik der Beutelsäuger gibt es also nicht. Erschwert wird der Versuch einer Systematisierung durch große Lücken im Fossilienbestand, so gibt es beispielsweise von den australischen Arten zwischen der Zeit vor 55 Millionen Jahren und der Zeit vor 25 Millionen Jahren, als die heutigen Ordnungen bereits weitgehend herausgebildet waren, bislang keinerlei Funde.

Mensch und Beutelsäuger

Wie viele andere Säugetiere sind auch etliche Beutelsäugerarten von verschiedenen Völkern wegen ihres Fleisches und Felles gejagt worden. Inwieweit diese Bejagung hauptverantwortlich für das Aussterben australischer Großsäuger im Pleistozän ist, ist umstritten (siehe oben).

Die australischen Beutelsäuger wurden nach Ankunft der weißen Siedler im 19. Jahrhundert stark in Mitleidenschaft gezogen. Die Bejagung, die Zerstörung ihres Lebensraums durch Umwandlung in landwirtschaftlich genutzte Gebiete und die Konkurrenz durch eingeschleppte Tiere (wie Füchse, Kaninchen und Hauskatzen) gefährden zahlreiche Arten. Einige Beutelsäuger sind ausgestorben, darunter

Der Schweinsfuß-Nasenbeutler ist Anfang des 20. Jahrhunderts ausgestorben

vier Känguruarten, zwei Rattenkänguruarten, drei Nasenbeutlerarten und der Beutelwolf. Viele weitere Arten bewohnen nur noch einen Bruchteil ihres ursprünglichen Verbreitungsgebietes und gelten als bedroht. Andere Arten haben mit den Veränderungen besser umgehen können, die Kusus sind als Kulturfolger heute verbreiteter denn je und auch die Riesenkängurus zählen zu den weiterverbreiteten Tieren.

Etwas besser ist die Situation der Beutelsäuger in Amerika, wenngleich auch hier viele vorwiegend waldbewohnende Arten durch die Waldrodungen gefährdet sind. Das Nordopossum hat im Zuge der Besiedlung des Kontinents durch die Weißen sein Verbreitungsgebiet erweitern können und findet sich heute auch in weiten Teilen der USA und sogar in Kanada.

Literatur

- T. S. Kemp: *The Origin & Evolution of Mammals.* Oxford University Press, Oxford 2005. ISBN 0-19-850761-5
- Malcolm C. McKenna, Susan K. Bell: *Classification of Mammals − Above the Species Level.* Columbia University Press, New York 2000. ISBN 0-231-11013-8
- Ronald M. Nowak: *Walker's mammals of the world.* 6. Auflage. Johns Hopkins University Press, Baltimore 1999, ISBN 0-8018-5789-9.
- D. E. Wilson, D. M. Reeder: *Mammal Species of the World.* Johns Hopkins University Press, Baltimore 2005. ISBN 0-8018-8221-4

Greifvögel

<table>
<tr><td colspan="2" align="center">Greifvögel</td></tr>
<tr><td colspan="2">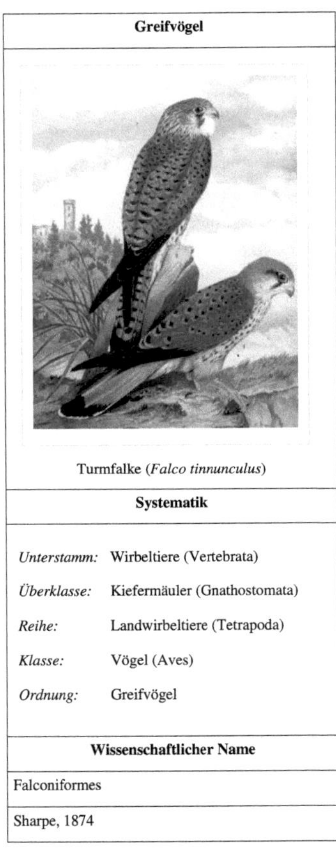</td></tr>
<tr><td colspan="2" align="center">Turmfalke (Falco tinnunculus)</td></tr>
<tr><td colspan="2" align="center">Systematik</td></tr>
<tr><td>Unterstamm:</td><td>Wirbeltiere (Vertebrata)</td></tr>
<tr><td>Überklasse:</td><td>Kiefermäuler (Gnathostomata)</td></tr>
<tr><td>Reihe:</td><td>Landwirbeltiere (Tetrapoda)</td></tr>
<tr><td>Klasse:</td><td>Vögel (Aves)</td></tr>
<tr><td>Ordnung:</td><td>Greifvögel</td></tr>
<tr><td colspan="2" align="center">Wissenschaftlicher Name</td></tr>
<tr><td colspan="2">Falconiformes</td></tr>
<tr><td colspan="2">Sharpe, 1874</td></tr>
</table>

Die **Greifvögel** (Falconiformes) sind eine Ordnung der Vögel, der üblicherweise die Familien Habichtartige (Accipitridae), Falkenartige (Falconidae) sowie der Fischadler und der Sekretär jeweils als eigene Familie Pandionidae bzw. Sagittariidae zugeordnet werden.

Nach neueren molekulargenetischen Untersuchungen ist diese Ordnung jedoch im Bezug auf die Falkenartigen (Falconidae) und die Neuweltgeier (Carthartidae) paraphyletisch und daher als Taxon nicht aufrechtzuerhalten. Die Falkenartigen sind demnach nicht näher mit den übrigen bisher zu dieser Ordnung gezählten Familien verwandt, sondern Schwestertaxon einer Großgruppe, zu der die Papageienvögel (Psittaciformes) und die Singvögel (Passeriformes) gehören. Weiterhin sind die Neuweltgeier entgegen zwischenzeitlicher Auffassungen das Schwestertaxon der Familien Accipitridae, Pandionidae und Sagittariidae.

Als Konsequenz daraus werden in der neueren Systematik der Vögel die Familien Accipitridae, Pandionidae, Sagittariidae und Carthartidae in einer eigenen Ordnung Accipitriformes zusammengefasst und die Falconidae als einzige Familie in der Ordnung Falconiformes belassen.[1]

Quellen

Einzelnachweise

[1] International Ornithologist's Union: *IOC World Bird List, version 2.5 - Raptors*. Online (http://worldbirdnames.org/n-raptors.html), abgerufen am 29. August 2010

Literatur

- Shannon J. Hackett, et al.: *A Phylogenomic Study of Birds Reveals Their Evolutionary History*. Science, Band 320, 2008: S. 1763-1768

Prädator

Als **Prädator** (lat. *praedatio* „Raub";[1] auch Räuber) wird in der Ökologie ein Organismus bezeichnet, der sich von anderen, noch lebenden Organismen oder Teilen von diesen ernährt.[2] Die Bezeichnung umfasst neben den echten Prädatoren (Beutegreifer) und Parasitoiden, die ihre Beutetiere oder Wirte töten, auch Weidegänger (Pflanzenfresser) und Parasiten, die sich nur von Teilen der lebenden Organismen ernähren, ohne sie zu töten.[2]

Nach einer ebenfalls verbreiteten, weniger umfassenden Definition werden als Prädation nur ökologische Beziehungen zweier Arten („Bisysteme") bezeichnet, bei denen eine Art (der Prädator oder Räuber) die andere Art (Beute) tötet und als Nahrungs-Ressource nutzt.[1] Entsprechend dieser Definition werden den Prädatoren nur echte Prädatoren zugeordnet, zu denen neben fleischfressenden Tieren auch Fleischfressende Pflanzen gehören.[1] Herbivoren sind

Der nordamerikanische Rotschwanzbussard (*Buteo jamaicensis*) ernährt sich von Kleinsäugern, hier von einer Kalifornischen Feldmaus (*Microtus californicus*)

entsprechend dieser Definition keine Prädatoren. Dies entspricht in der globaleren Definition der Bezeichnung „Echte Räuber" oder „Beutegreifer".

Bei Prädatoren lebt das Beutetier zum Zeitpunkt des ersten Angriffs noch,[2] wodurch eine Abgrenzung zum Konsumieren von *totem* organischem Material besteht, wie dies beispielsweise bei Aasfressern (Necrophage) und Saprobionten der Fall ist.

Abgrenzung

Nach der funktionellen Klassifizierung unterscheidet man echte Räuber, Weidegänger, Parasiten und Parasitoide. Diese zwischenartlichen Wechselwirkungen, bei denen ein Lebewesen ein anderes oder Teile davon konsumiert, werden als **Prädation** bezeichnet.[2]

Nach einer ebenfalls verbreiteten Abgrenzung ist ein Prädator nur die Sammelbezeichnung für Tierarten, die sich von anderen Tieren (von Beute) ernähren oder als Parasit sich von Teilen des Organismus ernähren. Herbivoren sind entsprechend dieser engeren Definition keine Prädatoren. Diese engere Definition von Prädator entspricht somit weitgehend der Bezeichnung „Echte Räuber", „Beutegreifer" oder – aus Sicht der Beute – „Fressfeind". Steht ein Prädator in der Nahrungskette ganz oben, spricht man von einem Spitzenprädator.

Systematik

- Echte Räuber:

  erbeuten meist verschiedene Organismen und töten sie gleich nach dem Angriff. Die Beute wird ganz oder teilweise gefressen.

  Beispiele: Fleischfressende Pflanzen, Raubtiere

- Weidegänger:

  Organismen, die im Laufe ihres Lebens eine große Zahl von anderen lebenden Organismen (Pflanzen) abweiden und damit in der Regel nur Teile dieser Organismen aufnehmen. Der Angriff auf diese Organismen ist in der Regel schädlich, jedoch selten tödlich.[3]

  Beispiele: Schafe, Kühe

Hausrinder als Weidegänger

- Parasiten:

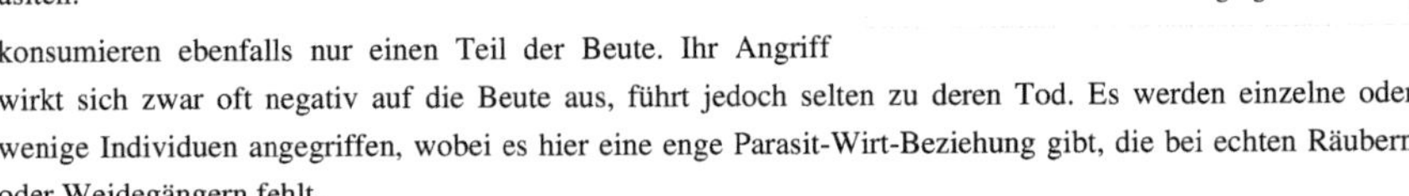

  konsumieren ebenfalls nur einen Teil der Beute. Ihr Angriff wirkt sich zwar oft negativ auf die Beute aus, führt jedoch selten zu deren Tod. Es werden einzelne oder wenige Individuen angegriffen, wobei es hier eine enge Parasit-Wirt-Beziehung gibt, die bei echten Räubern oder Weidegängern fehlt.

  Beispiele: Bandwürmer, Madenwürmer

Die Abgrenzung ist nicht immer scharf; zum Beispiel agieren Pflanzenfresser, die einzellige Algen oder Samen aufnehmen, teilweise wie echte Räuber.

Synonyme

Andere in diesem Zusammenhang verwendete Bezeichnungen sind z. B. Zoophag, Raubtier, Räuber, Beutegreifer und Carnivore, welche aber teilweise zur Verwechslung mit der Säugetierordnung der Raubtiere (Carnivora) verleiten. Meist werden diese Bezeichnungen nur auf echte Räuber angewandt, sodass weder Parasiten noch Herbivoren von ihnen miterfasst werden.

Der Löwe (*Panthera leo*) ist ein Prädator im engeren Sinne

Fleischfresser

Die Bezeichnung Fleischfresser, Zoophage oder Carnivor entsprechen dem bereits definierten „Räuber", umfassen aber auch Fleischfressende Pflanzen und Fleischfressende Pilze. Neben den Carnivoren gibt es auch omnivore Räuber, wie z. B. den Dachs oder den Menschen.

Körner- und Fruchtfleischfresser

Als *seed predators* werden im englischen Sprachgebrauch (speziell in den USA) auch Tierarten bezeichnet, die Samen (*seeds*) fressen (*seed predation*); hierfür wird im Deutschen inzwischen neben *Körnerfresser* auch die Bezeichnung *Samenprädator* benutzt. In ähnlicher Weise wird gelegentlich *pulp predator* als *Fruchtfleischprädator* (statt: *Fruchtfleischfresser* bzw. *Weichfresser*) übersetzt.

Konsumenten

Grundsätzlich sind alle Prädatoren auch Konsumenten, sie ernähren sich als heterotrophe Organismen von anderen Lebewesen. Diese Bezeichnung findet aber vorwiegend bei qualitativen und quantitativen Untersuchungen des Stoffkreislaufes und des Energieflusses in einem Ökosystem Verwendung.

Evolutive Aspekte der Prädation

Durch den hohen Selektionsdruck, den die Prädation auf die Beute ausübt, sowie durch die Abhängigkeit der Prädatoren vom Vorhandensein der Beuteorganismen, kommt es häufig zur Coevolution zwischen Räuber und Beute.[1] Räuber-Beute-Beziehungen lassen sich durch Lotka-Volterra-Gleichungen beschreiben.

Literatur

- M. E. Begon, J. L. Harper, C. R. Townsend: *Ökologie.* Spektrum Akademischer Verlag, Heidelberg 1996. ISBN 3-8274-0226-3.
- R. Wehner, W. Gehring: *Zoologie.* 24. Aufl. Georg Thieme, New York 2007. ISBN 3-13-367424-2
- *Lexikon der Biologie.* Bd. 11. Spektrum, Heidelberg 2003. ISBN 3-8274-0336-7

Belege

[1] Stichwort „Prädation" In: Herder-Lexikon der Biologie. Spektrum Akademischer Verlag GmbH, Heidelberg 2003. ISBN 3-8274-0354-5

[2] M. E. Begon, J. L. Harper, C. R. Townsend: *Ökologie.* Spektrum Akademischer Verlag, Heidelberg 1996; S. 718. ISBN 3-8274-0226-3.

[3] M. E. Begon, J. L. Harper, C. R. Townsend: *Ökologie.* Spektrum Akademischer Verlag, Heidelberg 1996; S. 723. ISBN 3-8274-0226-3.

Räuber-Beute-Beziehung

Räuber-Beute-Beziehungen sind ein Teilaspekt der Nahrungsketten bzw. der Nahrungsnetze, die im Fachgebiet Ökologie analysiert werden. Der Fachbegriff Prädator umfasst neben den echten Räubern auch Parasiten, Parasitoide und Weidegänger. Die unten beschriebenen Modellbildungen in der Ökologie können im Prinzip auf alle vier Fälle angewendet werden. Ausgeschlossen sind für die Theorien dagegen alle Arten, die sich von toter organischer Substanz ernähren (z. B. Aasfresser, Detritusfresser, Destruenten), weil in diesem Falle keine biologische Reaktion der Beutepopulation erfolgen kann.

In der Natur existieren zahlreiche komplexe Reaktionsmuster in den Beziehungen zwischen Räuber und Beute, ihre Erklärung bildet ein wesentliches, zentrales Gebiet der ökologischen Theorie. Aufgrund der Vielfalt der unterschiedlichen Beziehungen ist die Übertragung von einem System auf ein anderes schwierig. In manchen Fällen dezimiert ein Räuber eine Beutetierpopulation auf den Bruchteil ihrer unbeeinflussten Dichte, in anderen Fällen ist der Einfluss eines Räubers auf eine Beutepopulation kaum nachweisbar. Wesentlich ist hierbei zum einen, ob ein Räuber auf eine bestimmte Beuteart

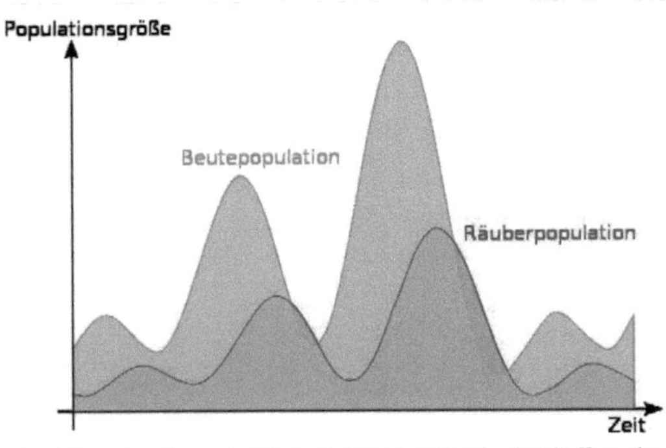

Populationsschwankungen bei Räuber und Beute. Typisch ist, dass die Kurve der Räuber der Kurve der Beute nachläuft.

spezialisiert ist, oder ob es sich um einen Generalisten mit zahlreichen gleichwertigen Beutearten handelt, zwischen diesen beiden Extremen existiert ein breites Spektrum von Fällen unterschiedlicher Präferenz. Zum andern sind stets Auswirkungen anderer Arten und Wechselwirkungen mit den Umweltfaktoren bedeutsam.

Besonders interessant für die ökologische Analyse sind Systeme, in denen der Räuber die Dichte seiner Beute reguliert, oder in denen die Dichte von beiden zyklischen Schwankungen unterliegt. In der Regel beeinflussen dabei zahlreiche weitere Faktoren wie Nahrungsangebot, Klima, Raumkonkurrenz, Krankheitserreger, Parasiten, Stress und andere Räuber ebenfalls die Populationsgrößen (siehe auch Populationsdynamik).

Mit dem Ziel, allgemeine dynamische Eigenschaften von Räuber-Beute-Beziehungen darzustellen und zu untersuchen, wurden in der theoretischen Biologie verschiedene mathematische Modelle erstellt. Am einfachsten und bekanntesten ist das Lotka-Volterra Modell. Grundlage sind die Arbeiten des österreichischen Mathematikers Alfred James Lotka und des italienischen Mathematikers und Physikers Vito Volterra, die 1925 und 1926 unabhängig die heute nach ihnen benannten Lotka-Volterra-Gleichungen formulierten. Es handelt sich um mathematische Differentialgleichungen, in denen erstmals der quantitative Aspekt der Populationsentwicklung unter interspezifischer Konkurrenz in Abhängigkeit von der Zeit dargestellt wurde. Sie beruhen auf der logistischen Gleichung. Die biologischen Anwendungen dieser Gleichungen sind heute unter dem Namen der ersten, zweiten und dritten Lotka-Volterra-Regel bekannt.

Eine Computersimulation, welche die Räuber-Beute-Beziehung anschaulich macht, ist die Simulation Wator von Alexander K. Dewdney und David Wiseman.

Im Lotka-Volterra Modell zeigen Räuber- und Beutearten gekoppelte Häufigkeitsschwankungen. Vereinfacht: gibt es viel Beute, nimmt die Population des Räubers zu, danach wird die Beute seltener, die Räuber finden nicht mehr ausreichend Nahrung und werden seltener, die Beutepopulation kann sich erholen, usw. usw. Im Modell handelt es sich allerdings um sog. "neutral stabile" Zyklen. Das

Bisamratte - ihre Anzahl ist nicht durch die Anzahl der Räuber bestimmt, sondern ein dichteabhängiges Phänomen

bedeutet: Die Zyklen entstehen ohne äußere Einwirkungen, die Zykluslänge ergibt sich aus der Wahl der Variablen (ohne Zeitgeber), ohne Störungen von außen würden diese Zyklen ohne jede Abweichung für immer weiterlaufen. Aber: In natürlichen Systemen tatsächlich beobachtbare Zyklen können normalerweise aufgrund dieses Mechanismus nicht entstehen, aufgrund der unvermeidlich und immer einwirkenden Schwankungen der Umweltvariablen würden Populationen, die der Modelldynamik unterliegen, in der Realität azyklisch und erratisch fluktuieren. Populationen, deren Schwankungen ausschließlich durch das Modell erklärt werden könnten, gibt es vermutlich nicht. Dennoch ist das Modell als erste Näherung zur Erklärung gekoppelter Oszillationen nützlich.

Der berühmteste Fall, bei dem für die Population eines Räubers und seiner Beute gekoppelte, zeitverzögerte Zyklen tatsächlich in der Natur beobachtet worden sind, sind die Zyklen des Amerikanischen Schneeschuhhasen (*Lepus americanus*) und seines Räubers, des Kanadischen Luchses (*Lynx canadensis*).[1] Die Arten zeigen über ein riesiges Gebiet (ein großer Teil des Nordens von Nordamerika, von Alaska bis Neufundland) einen Zyklus von etwa zehn Jahren Länge (tatsächlich beobachtet: 9-11 Jahre). Dieses Beispiel wurde sogar in Schulbücher übernommen. Ursprünglich als besonders schlagendes Beispiel für eine Oszillation vom Lotka-Volterra Typ gedeutet, liegen nach neueren Untersuchungen die Verhältnisse hier viel verwickelter. Hohe Hasenpopulationen brechen anscheinend vor allem durch Nahrungsmangel zusammen. Knapp wird hier allerdings nicht Nahrung als solche (die Hasen fressen ihren Lebensraum nicht etwa kahl), sondern gute Nahrung mit hohem Nährwert. Die beweideten Pflanzen können bei starker Beweidung Fraßgifte (Toxine) bilden und werden dadurch für die Hasen weniger gut fressbar. Sie bilden diese (energetisch kostspieligen) Toxine aber nur, wenn hoher Fraßdruck besteht. Die Interaktion des Prädatoren Schneeschuhhase und seiner Beute, den grünen Pflanzen, scheint hier den Zyklus anzutreiben. Der Luchs folgt demnach nur passiv nach. Dieses Beispiel (das keinesfalls bis in die letzten Einzelheiten tatsächlich aufgeklärt wäre!) zeigt anschaulich, dass man sich vor einfachen Erklärungen der komplexen Sachverhalte hüten sollte, auch wenn sie scheinbar gut in das zur Erklärung verwendete Modell passen.

Untersuchungen, die der US-amerikanische Zoologe und Ökologe Paul Errington (1946) für die Räuber-Beute-Beziehung zwischen Bisamratten und Minks durchgeführt hat, zeigen ein völlig anderes Verhalten. So ist der Mink zwar der wichtigste Räuber der Bisamratte, die Populationsgröße der Bisamratte wird jedoch weniger durch die Zahl ihrer Räuber beeinflusst als durch die Besatzdichte des Territoriums. Vor allem umherstreifende Tiere ohne Revier oder verletzte Tiere werden Beute des Mink. Es werden also die Individuen bevorzugt getötet, die ohnehin die geringste Überlebenswahrscheinlichkeit gehabt hätten. Die Populationsgröße der Beute wird in diesem Fall also durch den Ökofaktor *Räuber* auf eine regulierte Dichte begrenzt, die durch die Ökofaktoren *Nahrung* und *Raum zum Anlegen von Bauen* vorgegeben ist. Vergleichbare Fälle wurden bei anderen Untersuchungen sehr häufig gefunden.

Siehe auch

- Antibiose
- Biomanipulation
- Probiose
- Parasitismus
- Wator
- Wachstumsgesetz

Einzelnachweise

[1] Nils Chr. Stenseth u. a.: *Population regulation in snowshoe hare and Canadian lynx: Asymmetric food web configurations between hare and lynx.* PNAS, Band 94, Nr. 10, 1997, S. 5147–5152 Volltext (http://www.pnas.org/content/94/10/5147.full)

Weblinks

- Hinweise zu Wator (http://www.mathematik.uni-ulm.de/sai/ws98/soft/uebungen-01-12-98/wator-01.html)
- Java-Version einer Wator-Simulation (http://www.leinweb.com/snackbar/wator/)

Fleischfresser

Als **Fleischfresser** (auch **Karnivoren** oder **Carnivoren**; von lat. *carnis* ‚Fleisch' und *vorare* ‚verschlingen', ‚gierig fressen')[1] bezeichnet man Tiere, die sich hauptsächlich von Fleisch ernähren.

Damit unterscheiden sie sich von den Pflanzenfressern (Herbivoren), die vorwiegend pflanzliche Kost bevorzugen, sowie von den Allesfressern (Omnivoren), wie den Menschen, deren Speiseplan gemischt ist. In der Vergangenheit wurde noch der Begriff Aasfresser geführt, mittlerweile weiß man aber, dass es keine klaren Unterschiede zu Fleischfressern gibt.

Löwe beim Fressen

Zu den Fleischfressern gehören Tierarten nahezu aller Tierstämme. Hierzu zählen z. B. viele Arten der Säugetierordnung Raubtiere (Carnivora) und einige Vogelarten wie Greifvögel. Unter den Gliederfüßern ist Karnivorie sehr viel weiter verbreitet. Ein Großteil der Spinnentiere (Arachnida), vor allem Webspinnen (Araneae) und Skorpione (Scorpiones), ernähren sich überwiegend von anderen Arthropoden. Milben (Acari) und Weberknechte (Opiliones) sind hingegen nur teilweise karnivor. Auch unter den Insekten gibt es zahlreiche fleischfressende Gruppen, z. B. Raubwanzen (Reduviidae), die Mehrheit der Laufkäferarten (Carabidae), sowie Hautflügler (Hymenoptera). Unter letztgenannten sind viele Parasitoide zu finden.

Sarracenia rubra, fleischfressende Pflanze

Karnivoren ernähren sich hauptsächlich von Tieren. Es gibt fleischfressende Tiere, aber auch karnivore Pflanzen und karnivore Pilze.

Fleischfresser (Carnivore) sollten nicht mit der Ordnung Raubtiere (Carnivora) verwechselt werden. Carnivora sind nicht zwangsläufig Carnivore und Carnivore nicht zwangsläufig Carnivora, da es sowohl Fleischfresser gibt, die nicht der Ordnung der Raubtiere angehören, als auch Raubtiere, die sich, wie viele Bären, überwiegend von pflanzlicher Nahrung ernähren und somit zu den Allesfressern gehören.

Einzelnachweise

[1] Erich Pertsch: *Langenscheidts Großes Schulwörterbuch Lateinisch-Deutsch.* Langenscheidt, Berlin 1978, ISBN 3-468-07201-5

Siehe auch

- Ernährungsform
- Ernährung des Menschen
- Konsument (Ökologie)

Landraubtiere

> Für die systematische Einteilung der Lebewesen existieren neben- und nacheinander verschiedene Vorschläge. Das hier behandelte Taxon entspricht nicht der gegenwärtig in der deutschsprachigen Wikipedia verwendeten Systematik oder ist veraltet.

Die **Landraubtiere** (Fissipedia) sind nach einer veralteten Systematik eine der beiden Unterordnungen innerhalb der Ordnung der Raubtiere. Im Gegensatz zu den Wasserraubtieren (Pinnipedia), besser bekannt als Robben, haben Landraubtiere Pfoten und niemals Flossen.

Die Einteilung der Raubtiere in Land- und Wasserraubtiere folgt einem traditionellen Schema, das wenig mit den wirklichen Verwandtschaftsverhältnissen zu tun hat. Nach heutigem Wissen sind die Robben Nachkommen von marder- oder kleinbärähnlichen Raubtieren und somit eine Schwestergruppe der Bären. Landraubtiere dagegen sind eine Vielzahl unabhängig voneinander entstandener Gruppen, also paraphyletisch.

Systematik_(Biologie)

Systematik (von altgriechisch συστηματικός *systēmatikós* „geordnet") oder *Biosystematik* ist ein Fachgebiet der Biologie. Die klassische Systematik beschäftigt sich hauptsächlich mit der Bestimmung und Benennung der Lebewesen (Taxonomie). Die moderne Systematik (Stuessy 1990)[1] umfasst zudem die Rekonstruktion der Stammesgeschichte der Organismen (Phylogenie) sowie die Erforschung der Prozesse, die zu der Vielfalt an Organismen führen (Evolutionsbiologie) und wird daher auch als natürliche Systematik bezeichnet.

Geschichte

Aristoteles

Aristoteles ordnete die ihm bekannten Lebewesen in einer Stufenleiter (*Scala Naturae*) nach dem Grad ihrer „Perfektion", also von primitiven zu höher entwickelten. Er führte für einzelne Gruppen Bezeichnungen ein, die heute noch Verwendung finden (Coleoptera, Diptera). In der Antike wurde beispielsweise die Wuchsform (Kraut, Staude, Strauch, Baum) oder Lebensweise (Nutztier, Wildtier, Wassertier) als Einteilungskriterium benutzt.

Carl von Linné

Carl von Linné verwendete in seinen Werken *Species Plantarum* (ab 1753) und *Systema Naturae* (ab 1758) eine binominale Nomenklatur zur Benennung der Arten. Hauptzweck dieser Nomenklatur ist die eindeutige Benennung der Arten unabhängig von ihrer Beschreibung.

Linnés Systematik der Pflanzen

Linné benutzte den Blütenaufbau, um die Pflanzen zu klassifizieren. Er teilte die Pflanzen in 24 Klassen ein – prinzipiell nach Anzahl und Gestalt der Stamina. Linnés System entsprach den Erfordernissen seiner Zeit, in welcher Naturforschenden immense neue Erfahrungsräume eröffnet wurden. Entdeckungs- und Handelsreisen konfrontierten die europäischen Biologen mit einer gewaltigen Anzahl an neuen Arten, welche beschrieben und klassifiziert werden wollten. Linnés System wurde nach 1850 nicht mehr benutzt, weil es kein natürliches System darstellte. Mit dem Erscheinen von Darwins *Origin of Species* wurde Linnés Sexualsystem völlig obsolet, da man von nun an die Lebewesen nach ihrer phylogenetischen Stellung (einem natürlichen System) ordnen wollte. Linnés Klassifizierung der tieferen taxonomischen Ränge (Art, Gattung) haben häufig bis heute ihre Gültigkeit. Dies rührt daher, dass Linnés Kriterium des Blütenbaus stark mit dem Prozess der Artbildung (bei Blütenpflanzen) zusammenhängt - Veränderungen der Blütenmorphologie, des Bestäubungsmechanismus etc. führen oft unmittelbar zu neuen Arten.

Linnés Systematik der Tiere

Ganz anders ist es mit seinem System für Tiere. Grundkonzept ist dabei die typologische Definition der Art, das heißt die Reduzierung der Merkmalsfülle auf einige wenige Schlüsselmerkmale und die Abstrahierung von den Variationsmöglichkeiten innerhalb einer Art auf einen Typus („idealistische Morphologie"). Seine Gruppierung spiegelte für die niedrigen Taxa wie Art und Gattung durchaus ein natürliches System wider. Doch hatte auch Linné bereits erkannt, dass seine Einteilung für höhere Taxa aufgrund der recht willkürlichen Kriterien ein künstliches System blieb. Denn bei alledem ging Linné von der Unveränderlichkeit der Arten aus und beabsichtigte nicht, ein phylogenetisches System zu schaffen. Dieses bot dann später erst Begründung und Maßstab für die Natürlichkeit des Systems.

Evolutionstheorie

Seit dem Aufkommen der Evolutionstheorie ist man nun bestrebt, dieses teilweise künstliche System in ein natürliches System umzubauen, das die Abstammungsverhältnisse (Phylogenetik) besser widerspiegelt. Dabei spielte zunächst die Homologisierung von Organen eine große Rolle. Seit den 1970er Jahren untersucht man den Aufbau der Proteine, um daraus Hinweise auf den Verwandtschaftsgrad abzuleiten. Dazu werden nicht nur morphologische, sondern auch physiologische, cytologische und ethologische Merkmale herangezogen. Vor allem wird die genetische Ähnlichkeit benutzt, um Verwandtschaftsbeziehungen direkt am Erbgut festzustellen.

Die Rolle der Systematik für das Verständnis der Geschichte der Organismen beschreibt bereits Charles Darwin in seinem Buch *Entstehung der Arten*: „Wenn wir von dieser Idee ausgehen, dass das natürliche System, soweit es durchgeführt werden kann, genealogisch angeordnet ist … so verstehen wir die Regeln, die wir bei der Klassifikation befolgen müssen."

Taxonomie-Konzepte

Peter Ax setzt Taxonomie und Systematik gleich, Ernst Mayr unterscheidet die Systematik als Wissenschaft von der Vielgestaltigkeit der Organismen von der Taxonomie als Lehre von der Klassifikation der Organismen.

Entsprechend den unterschiedlichen theoretischen Ansätzen gibt es verschiedene Richtungen in der Systematik:

Klassische evolutionäre Klassifikation

Ernst Mayr legt seiner Systematik das biologische Artkonzept zu Grunde. Bei der Einordnung der Organismen wird sowohl das Ausmaß der Divergenz als auch die Verzweigungsreihenfolge berücksichtigt.

Beispiel: Zwar wird die Verzweigungsreihenfolge des phylogenetischen Systems anerkannt (Krokodile und Vögel (Aves) haben einen jüngeren gemeinsamen Vorfahren als die Vögel mit den übrigen Reptilien), der Erwerb des Vogelfluges wird aber als bedeutende Neuerung angesehen, die zu einer adaptiven Radiation führte. Entsprechend wird der Klasse Reptilia die Ordnung Crocodilia zugeordnet und der Klasse der Vögel (Aves) gegenübergestellt, wodurch sich paraphyletische Taxa ergeben.

- Klasse: Reptilien (Reptilia)
    1. Ordnung: Brückenechsen (Sphenodontia)
    2. Ordnung: Schuppenkriechtiere (Squamata)
    3. Ordnung: Schildkröten (Chelonia)
    4. Ordnung: Krokodile (Crocodilia)
- Klasse: Vögel (Aves)

Numerische Taxonomie (Phänetik)

In der numerischen Taxonomie wird auf phylogenetische Annahmen verzichtet. Die Einordnung der Arten in das System erfolgt nur auf Grund messbarer Unterschiede und Ähnlichkeiten anatomischer Merkmale. Ursprüngliche und abgeleitete Merkmale werden nicht voneinander unterschieden.

Die Phänetik ist in weiten Teilen durch die Kladistik abgelöst worden. Trotzdem verwenden einige Biologen weiterhin phänetische Methoden wie Neighbour-Joining-Algorithmen, um eine genügende phylogenetische Annäherung zu erhalten, wenn die kladistischen Methoden rechnerisch zu aufwändig sind.

Konsequent phylogenetische Systematik

Nach Willi Hennig werden die Taxa nur von Arten gebildet, die eine geschlossene Abstammungsgemeinschaft, ein Monophylum, bilden. Die kleinste Einheit der phylogenetischen Systematik ist das Taxon Art. Als Monophylum wird die oberhalb der Artenebene gelegene Einheit der organismischen Natur bezeichnet, die aus allen Nachkommen einer (Stamm-)Art und der Stammart selbst besteht. Der typologische und biologische Begriff der Art wird als unzureichend abgelehnt.

An die Stelle des typologischen Artkonzeptes tritt das phylogenetische Artkonzept. In diesem Konzept werden Arten zusammengefasst, die durch Synapomorphien charakterisiert sind und von Arten mit Autapomorphien unterschieden werden. Eine Autapomorphie ist eine evolutionäre Neuheit eines Taxons, das dieses anderen Taxa gegenüber abgrenzt und somit dessen evolutionäre Einmaligkeit begründet. Eine Synapomorphie stellt ein Merkmal dar, welches nur den direkt aus der Stammart entstandenen Arten gemein ist. Ein bei zwei Taxa auftretendes Merkmal, das in einer früheren Stammart der gemeinsamen Stammlinie evolviert wurde und im Außengruppenvergleich auch bei anderen Taxa zu finden ist, wird Plesiomorphie genannt. Eine Art hört dann auf zu existieren, wenn sie durch Speziation (Artaufbildung) in zwei neue Arten übergeht. Als natürliches System ergibt sich ein dichotomes Kladogramm (Näheres siehe Kladistik).

Beispiel:

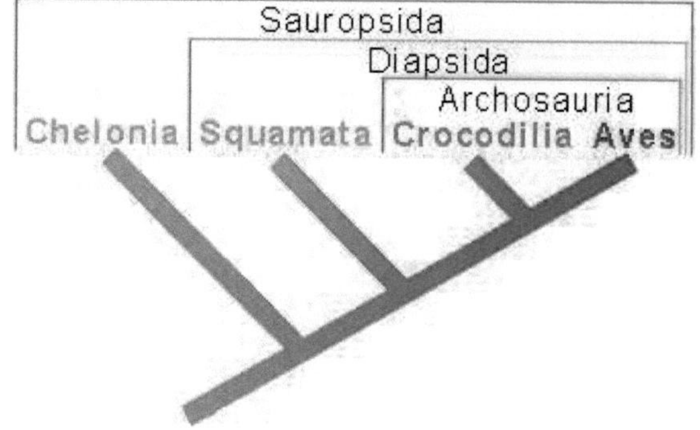

Künftige Taxonomie aufgrund von DNA-Basensequenzen

Künftig sollen die Unterschiede der einzelnen Arten aufgrund genetischer Vergleiche systematisch für alle bekannten Spezies erarbeitet werden (siehe DNA-Barcoding). Man verspricht sich davon ein besseres Verständnis der Evolution.

Der Erfolg und Zweck einer rein genetischen Bearbeitung der Artenvielfalt ist jedoch umstritten. Die verschiedenen Artkonzepte sind nicht universell anwendbar, da es sich bei den Artkonzepten um Konstrukte mit empirischen Grundlagen handelt. Eine scharfe Trennung zwischen Arten durch genetische Methoden wird im Rahmen der bisher angewandten Artkonzepte vermutlich scheitern, da eine einheitliche Methode nicht über alle Taxa hinweg anwendbar ist. Ob sich ein rein genetisches Artkonzept durchsetzen wird, durch das man Arten nach absolut messbaren genetischen Unterschieden kategorisieren kann, ist genauso fraglich.

Beispiel Mensch: klassische evolutionäre Klassifikation

Als detailliertes Beispiel die Einteilung des Menschen gemäß Wikipedia-Systematik. Der Übersicht halber werden z. B. Überfamilie/Familie/Unterfamilie zu "Familie" gruppiert. Dies verdeutlicht die grobe Einteilung *Reich > Stamm > Klasse > Ordnung > Familie > Gattung*.

Zu beachten ist, dass nicht für alle Arten dieselbe feine Einteilung benötigt wird. Bei Säugetieren wird z. B. der *Überstamm* nicht verwendet. (→ Systematik der Vielzelligen Tiere.)

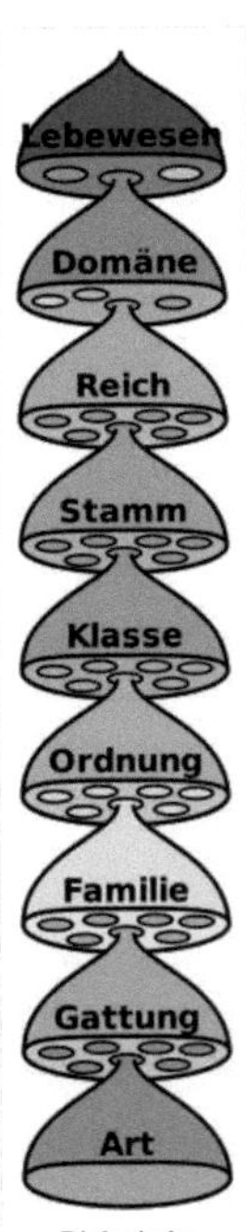

Biologische
Klassifikation

- **Reich**
  - Reich: Vielzellige Tiere
  - Abteilung: Gewebetiere
  - Unterabteilung: Zweiseitentiere
- **Stamm**
  - Stammgruppe: Neumünder
  - Überstamm: (bei Säugetieren nicht verwendet)
  - Stamm: Chordatiere
  - Unterstamm: Wirbeltiere
- **Klasse**
  - Überklasse: Kiefermäuler
  - Reihe: Landwirbeltiere
  - (ohne Rang:) Nabeltiere
  - Klasse: Säugetiere
  - Unterklasse: Höhere Säugetiere
- **Ordnung**
  - Überordnung: Euarchontoglires
  - Ordnung: Primaten

  - Unterordnung: Trockennasenaffen
  - Teilordnung: Altweltaffen
- **Familie**
  - Überfamilie: Menschenartige
  - Familie: Menschenaffen
  - Unterfamilie
- **Gattung**
  - Tribus: Hominini

- Gattung: Menschen
- Art: Mensch

Siehe auch

- Systematik der Eukaryoten
- Systematik der Tiere
- Systematik des Pflanzenreichs
- Systematik der Pilze
- Systematik der Archaeen
- Systematik der Bakterien
- Systematik der Viren

Literatur

- Tod F. Stuessy: *Plant taxonomy - the systematic evaluation of comparative data.* Columbia Univ. Press, New York 1990, ISBN 0-231-06784-4
- Guillaume Lecointre, H. Le Guyader: *Biosystematik.* Springer, Berlin 2006, ISBN 3-540-24037-3
- Alexander Rian: *Lateinische Namen: Unverstanden - Unverzichtbar, Sinn und Zweck der wissenschaftlichen Namensgebung.* Reptilica Jahreskatalog. Zirndorf 2006. (Auf einfache und verständliche Weise werden die Grundlagen der Systematik der Herpetologie vermittelt)
- Bernhard Wiesemüller, Hartmut Rothe: *Phylogenetische Systematik.* Springer Verlag, 2003; ISBN 3-540-43643-X. Plesmiomorphie und Apomorphie; Google Books [2]

Einzelnachweise

[1] Tod F. Stuessy: *Plant taxonomy – the systematic evaluation of comparative data*, Columbia Univ. Press, New York 1990, ISBN 0-231-06784-4

[2] http://books.google.ch/books?id=TjvL0i5G84kC&printsec=frontcover&dq=phylogenetische+systematik&source=bl& ots=eqWbtnwUjW&sig=TBcFJ2s3SnSWIYmq55qu6-51NGI&hl=de&ei=AY3lTMHrL4f0sgbP7pi3Cw&sa=X&oi=book_result& ct=result&resnum=4&ved=0CC4Q6AEwAw#v=onepage&q&f=false

Weblinks

- Integrated Taxonomic Information System (http://www.itis.gov/)
- The Catalogue of Life (http://www.catalogueoflife.org/search.php)
- Tree of Life Web Project (http://tolweb.org/tree/)
- Taxonomie der Pflanzen (http://www.ars-grin.gov/cgi-bin/npgs/html/index.pl)

Zoologie

Die **Zoologie** (altgr. ζῷον [zóon]„Tier", „lebendes Wesen"[1] und λόγος [lógos], „Lehre"), auch **Tierkunde**, ist die Disziplin der Biologie, deren Forschungsgegenstand die Tiere (Animalia), insbesondere die Vielzelligen Tiere (Metazoa) sind. Die Zoologie untersucht mit verschiedenen naturwissenschaftlichen Methoden Gestalt und Körperbau (Morphologie, Anatomie), Lebenstätigkeiten (Physiologie), Entwicklungs- und Stammesgeschichte (einschließlich Paläozoologie), Erbgeschehen (Genetik), Umweltbeziehungen (Ökologie), Verbreitung (Zoogeographie) sowie das Verhalten (Verhaltensbiologie) der Tiere und erstellt eine Systematik des Tierreiches. Die meisten Zoologen haben heute Biologie als Studienfach studiert. Aber auch Tierärzte, Forstwissenschaftler und Geographen arbeiten teilweise als Zoologen.

Teilgebiete der Zoologie

- Allgemeine Zoologie (Bau, Leben, Fortpflanzung, Entwicklung)
- Spezielle Zoologie (Bearbeitung der zoologischen Vielfalt, Namensherleitung von Spezies)
- Systematik / Taxonomie (Stammesgeschichte / Ordnen / Kategorisieren)
- Morphologie (äußerer Bau eines Tieres)
- Anatomie (innerer Bau eines Tieres)
  - Zytologie und Histologie
- Physiologie (Lebensvorgänge, Funktion der Organe)
- Verhaltensbiologie
- Embryologie (Individualentwicklung)
- Zoogeographie
- Ökologie
- Angewandte Zoologie

Wissenschaften von Tiergruppen in der Zoologie

- Entomologie (Insektenkunde)
- Herpetologie (Amphibien und Reptilien)
- Ichthyologie (Fischkunde)
- Lepidopterologie (Schmetterlinsgkunde)
- Mammalogie (Säugetierkunde, incl. Fledermäuse)
- Ornithologie (Vögel)

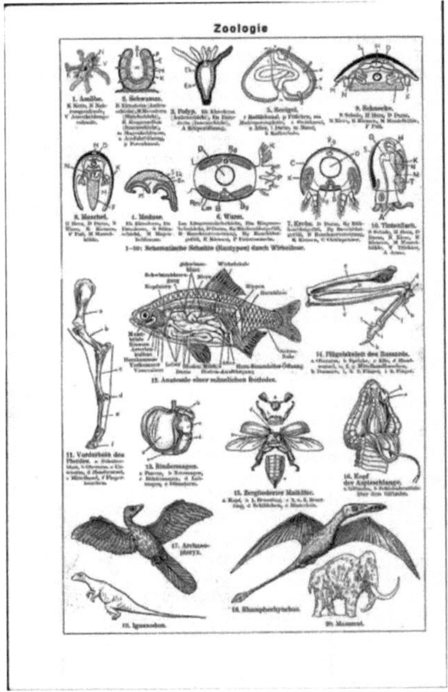

Bildtafel zur Zoologie in Meyers Blitz-Lexikon von 1932

Studium der Zoologie

Das Studium der Zoologie ist in Deutschland, Österreich und der Schweiz Bestandteil eines Biologiestudiums. Naturwisenschaftliche Grundlagen wie Physik, Chemie, Mathematik (hier vor allem Statistik), Botanik und Mikrobiologie sind anfänglich ebenfalls wichtig und ein großer Baustein auf dem Weg zur Spezialisierung auf ein zoologisches Fach im Fortgeschrittenenstudium (meist Master). Nahezu alle Teilgebiete der Zoologie setzen eine sehr gute Kenntnis in Biochemie und Molekularbiologie voraus. Dies gilt auch für solche klassischen Fächer wie die Morphologie, die Anatomie, die Evolutionsforschung und Taxonomie. In den ersten vier bis sechs Semestern wird dem Biologiestudenten eine Fülle von theoretischen und praktischen Lehrveranstaltungen angeboten. Zoologische Schwerpunkte sind je nach Angebot der Universität meist in Master Stuiengängen der Ökologie, Landschaftsökologie, Meersesbiologie und der Biodiversitätsforschung zu finden. Hier beginnt die Konzentrierung auf einige Wahlfächer innerhalb der Biologie. Häufig wird die experimentelle Arbeit in kleinen Gruppen noch wichtiger. Innerhalb der Zoologie wird in allen Universitäten eine Fülle von Praktika angeboten, die meist ganztägig und täglich über mehrere Wochen (manchmal auch über ein ganzes Semester) durchgeführt werden. Viele zoologische Praktika sind auch so angelegt, dass sie das „forschende Lernen" unterstützen.

Zoologie ist ein sehr facettenreiches Fach. Daher ist die Kombination mit einem Nebenfach, sofern es die Bachelor-Prüfungsordnung zulässt, interessant. Die Grundlagen der Verhaltensforschung werden häufig mit Psychologie kombiniert. Bei einer Ausrichtung auf Neurobiologie ist Physik und Informatik besonders hilfreich und wird häufig dazu studiert.

Ungefähr die Hälfte der Zoologiestudenten beginnt nach ihrer Masterarbeit mit einer Doktorarbeit.

Praktika

Neben dem regulären Studiengang gibt es meist Möglichkeiten an der Forschungsarbeit in den Instituten teilzunehmen. In den meisten Universitäten läuft dies unter der Bezeichnung „freie Mitarbeit" oder Projektpraktikum, und meist wird die Mitarbeit in Form einer Bescheinigung bestätigt.

Standorte

Der Studienführer Biologie zählt in Deutschland 54 Standorte an denen das Fach studiert werden kann. Die Studienpläne und Studienordnungen an den verschiedenen Universitäten im Fach Zoologie sind recht unterschiedlich. Die Ausprägungen der zoologischen Arbeitsgruppen ist sehr verschieden: Manche arbeiten expliziet tierökologisch, zoologisch, wildbiologisch, andere vermitteln zoologische Grundlagen in der Genetik, Neurobiologie, Ökologie, Evolutionsbiologie oder einem anderen Fach der Zoologie.

Master-Studiengänge der Zoologie werden von den Universitäten Basel, Wien, Graz, Innsbruck und der Paris Lodron - Universität Salzburg angeboten. Andere Hochschulen haben die Trennung von Zoologie, Botanik und anderen klassischen Fachrichtungen der Biologie aufgegeben und integrierten die zoologischen Aspekte in speziellere, beispielsweise physiologisch oder ökologisch ausgerichtete Master-Studiengänge.

Literatur

* Westheide, Wilfried; Rieger, Reinhard (Hrsg.): *Spezielle Zoologie. Teil 1: Einzeller und Wirbellose Tiere.* 2. Aufl. Spektrum Akademischer Verlag 2006. ISBN 3-8274-1575-6
* Westheide, Wilfried; Rieger, Reinhard (Hrsg.): *Spezielle Zoologie. Teil 2: Wirbel- oder Schädeltiere.* Spektrum Akademischer Verlag 2003. ISBN 3-8274-0900-4
* Storch, Volker; Welsch, Ulrich: *Kükenthal - Zoologisches Praktikum.* 25. Aufl. Spektrum Akademischer Verlag 2006. ISBN 3-8274-1643-4
* Storch, Volker; Welsch, Ulrich: *Kurzes Lehrbuch der Zoologie.* 8. Aufl. Spektrum Akademischer Verlag 2004. ISBN 3-8274-1399-0
* Hentschel, Erwin; Wagner, Günther W.: *Wörterbuch der Zoologie.* 7. Aufl. Spektrum Akademischer Verlag 2004. ISBN 3-8274-1479-2
* Storch, Volker; Welsch, Ulrich: *Systematische Zoologie* 6. Aufl. Spektrum Akademischer Verlag 2003. ISBN 3-8274-1112-2
* Claus Nissen: *Die zoologische Buchillustration. Ihre Bibliographie und Geschichte.* Band I: *Bibliographie.* Anton Hiersemann Verlag Stuttgart 1969.

Einzelnachweise

[1] Erwin J. Hentschel, Günther H. Wagner: *Zoologisches Wörterbuch*. 6. Auflage. Gustav Fischer Verlag Jena, Jena 1996, S. 627.

Weblinks

- Größtes deutschsprachgiges Zoologie-Portal nicht nur für Studenten (http://www.zoologie-online.de/)
- Die Zoologie – eine Einführung (http://spektrum-campus.de/artikel/913076)
- Linksammlung: Marine Zoologie (http://www.marzoo.uni-bremen.de/en/marzoo/links)

Article Sources and Contributors

Beutegreifer *Source*: http://de.wikipedia.org/w/index.php?title=Beutegreifer *Contributors*: Aineias, Andy king50, Cactus26, Caronna, Dan-yell, ErikDunsing, Gerbil, Hati, Helmut Zenz, Hydro, Itu, Mef.ellingen, NiTenIchiRyu, Qwqchris, Saehrimnir, Sansculotte, Srbauer, 11 anonymous edits

Raubtiere *Source*: http://de.wikipedia.org/w/index.php?title=Raubtiere *Contributors*: 217125121169, A0QToF, A1bi, Accipiter, Achim Raschka, Aglarech, Aineias, Aka, Altaileopard, Andim, Andre Engels, Androl, Asthma, Avoided, Avoidmeo, Ayacop, Baird's Tapir, Baldhur, Balû, Bauerfichtner, Ben-Zin, Bocardodarapti, Bradypus, Breeze, Chaunzaggoroth, ChristianBier, D, Dan Koehl, Dan-yell, Dellex, Denis Barthel, Doc Taxon, Duckundwech, Eckhart Wörner, ErikDunsing, Factumquintus, Franz Richter, Franz Xaver, Fristu, Gancho, Gerbil, Gerhardvalentin, Haplochromis, Head, Howwi, Hozro, Hunne, Hydro, Igelball, Indiförster, J. Patrick Fischer, Jed, Jonathan Hornung, KCMO, Katharina, Koenraad, Kurt Jansson, LUZIFER, Lienhard Schulz, Linoguj, Logograph, LuisDeLirio, Martin-mr, Martin-vogel, Masin Al-Dujaili, Mike Krüger, Mkill, Moooob, Muck31, Necrophorus, Nicor, Nordelch, Olei, Paddy, PhJ, Pittimann, Rdb, Regi51, Renekaemmerer, Riptor, Robert Weemeyer, RonMeier, Rufus46, SaschaTeske, Schewek, Scooter, Spuk968, Stechlin, Steevie, Stw, Telrúnya, ThKraft, Ticketautomat, Tlustulimu, TomCatX, Tschäfer, Tönjes, Ulrich.fuchs, Unsterblicher, Uwe Gille, Vinimontanus, Voevoda, W-sky, WAH, Wikipeder, WortUmBruch, Wst, ZahniDani, 106 anonymous edits

Neologismus *Source*: http://de.wikipedia.org/w/index.php?title=Neologismus *Contributors*: .Lo., .x, 4tilden, Abubiju, Acf, Adrianleverkühn, Aka, Amens, Aths, Avatar, Bender235, Blubberfisch, Bluehorn, Boonekamp, Brummfuss, Bücherriecher, Bürgerlicher Humanist, ChristophDemmer, Chrysalis, Chuck SMITH, Ckeen, Crissov, Cristof, Crux, Cyriaxx, Da flow, Denny, DerGraueWolf, Dinah, Dr. Karl-Heinz Best, Drahreg01, Duesentrieb, Eickenberg, ElRaki, Elya, Endimione, Ephraim33, ErikDunsing, Evilboy, Florian Blaschke, Fuergutemusik, Gerbil, Gereby, Gerhardvalentin, Guillermo, Hafenbar, Hardenacke, Herr Andrax, Howwi, Ilja Lorek, Inkowik, Insolvenzverfahren, Ivo002, J. 'mach' wust, Jeb, Jjkorff, Joerg s, Jofi, Joho345, Jonathan Hornung, Julius1990, Karl-Hagemann, Karl-Henner, Kater-134-108-33-169, Kdkeller, Kerbel, Kowa, Kunani, Lemmi04, Lirum Larum, Louis Bafrance, Magadan, MainFrame, Marilyn.hanson, Martin-vogel, Maxb88, MichaelFrey, Mnh, Moebius05, N3MO, Neutralstandpunkt, Nikkis, Numbo3, Olaf Simons, Onkelkoeln, Otfried Lieberknecht, ParaDox, PeeCee, Peng, Peter200, Pioot, Pleonasty, Presse03, R. Nackas, Regi51, Reincke, Riptor, Rotten Bastard, Rr2000, SDB, Saehrimnir, Salet, Schlenki, Schnulli00, Schotterebene, Schwalbe, Schwijker, Seewolf, Siebzehnwolkenfrei, Skriptor, Smalltown Boy, Sms, Spuk968, StG1990, Stefan, Steffen, Stern, Stichwort, Stoerte, T.M.L.-KuTV, TJ.MD, Tarboler, Tengai, The Philosoph, Tobi B., Turing, Tux2000, Ulrich.fuchs, Ungebeten, Uwe Gille, W!B:, Webkid, Wegner8, Wst, Yorg, Zack wadghiri, Zinnmann, 139 anonymous edits

Beutelsäuger *Source*: http://de.wikipedia.org/w/index.php?title=Beutels%C3%A4uger *Contributors*: 13XIII, Accipiter, Achim Raschka, Aconcagua, Aglarech, Aka, Aljaz cosini, Altaileopard, Andreas Werle, Androl, Antonsusi, Baldhur, Ben-Zin, Biobertus, Blaue Orchidee, Bradypus, Branka France, Chrisfrenzel, ChristianBier, Ciciban, Complex, Dan Koehl, Dreaven3, Eternalconcert, Factumquintus, Flacus, Gardini, Gedeon, Gerbil, Glenn, Griensteidl, Gurt, Haplochromis, Head, Hic et nunc, Hildegund, Hydro, Jergen, Jonathan Hornung, JuTa, Jvano, Karl-Henner, Lennert B, Lipstar, Löschfix, Martin Bahmann, Martin-vogel, Mathias Schindler, Mikue, Muscari, Naddy, Necrophorus, Nicor, Otets, Paddy, Phrood, Physikr, Polarlys, RCLH, Rdb, Riptor, Roo1812, Sammler05, Sinn, Sitacuisses, Skriptor, Sordes, Stechlin, Summi, Svencb, Tafkas, Tobias1983, TomCatX, TomK32, Ulrich.fuchs, Umweltschützen, Uwe Gille, Voevoda, W!B:, WAH, Wilske, Wst, YMS, Zombus, 65 anonymous edits

Greifvögel *Source*: http://de.wikipedia.org/w/index.php?title=Greifv%C3%B6gel *Contributors*: 0000ff, A.Savin, AHZ, Aberglaube, Accipiter, Aka, Andreas aus Hamburg in Berlin, Armin P., Arno64, Avoided, Baldhur, Baumanns, Blaufisch, Brodkey65, Buteo, Bücherhexe, C-8, C-M, Chin tin tin, Cocker68, Complex, D, DaB., DasBee, Der Wolf im Wald, DerHexer, DerSchnüffler, Diba, Dirkpetsch, Dominic Z., Don Magnifico, EngelCaro, Euphoriceyes, EvaK, Factumquintus, Franz Xaver, Gerbil, Griensteidl, Gurumaker, HaSee, Haplochromis, Hardenacke, High Contrast, Hummy, Iste Praetor, JAn Dudík, Jofi, Johamar, Jonathan Hornung, Kaisersoft, Kku, Kookaburra, Krawi, Kulmbacher, LKD, LuisDeLirio, MFM, Magnummandel, Martin-vogel, Matthias, Maus64, Mike Krüger, Mink95, Muscari, My name, Necrophorus, Nephiliskos, Nicor, Odin, Olaf Studt, Olei, Panellet, Pendulin, Perrak, Peter200, Philipendula, Pill, Polarlys, Pomona, Regi51, Seewolf, Sinn, Sir Findus, Soebe, Soloturn, StS8, Stechlin, Stefan, Teddybär, Theun, Tibor, Tigerente, Tobi B., Toter Alter Mann, TruebadiX, Tsui, Tönjes, Ulsimitsuki, Umweltschützen, Uroboros, Usquam, Visi-on, WAH, Welle, Westiandi, Widewitt, WikiMax, Wnme, XJamRastafire, Xocolatl, Zaungast, Zinnmann, Ökologix, 212 anonymous edits

Prädator *Source*: http://de.wikipedia.org/w/index.php?title=Pr%C3%A4dator *Contributors*: 24karamea, 9mag, AJIJD, Accipiter, Achim Raschka, Aineias, Aktions, Avoidmeo, Baldhur, Bugert, Buteo, Chb, CiaPan, CommonsDelinker, Contradictus, DF, Drahkrub, Flingeflung, Gerbil, Gyoergi, Hati, Heihei, Hydro, Jarok, Joho345, Klaus2569, LuisDeLirio, Löschfix, Norbirt, Oberfoerster, PhJ, Rufus46, Saibo, Sandstein, Siehe-auch-Löscher, TomCatX, Tzzzpfff, Wilske, Yoursmile, 27 anonymous edits

Räuber-Beute-Beziehung *Source*: http://de.wikipedia.org/w/index.php?title=R%C3%A4uber-Beute-Beziehung *Contributors*: 9mag, Andreas S., Arbol01, BS Thurner Hof, Baumfreund-FFM, Ben-Zin, Brummfuss, ChristophDemmer, Ckeen, Complex, Curtis Newton, Duesentrieb, Eclipse, GNosis, Gerbil, Gerhardvalentin, Gnosis, GuidoGer, HRoestTypo, Head, Holyfmb, Hydro, Ifrost, Ireas, Kangarooh, Kein Einstein, Klaus Minges, Krawi, Lienhard Schulz, Lämpel, Matt1971, Mnh, Plattmaster, PolygonCat, Priwo, Proxima, Regi51, Robb, Sechmet, Sinn, Spuk968, Tobnu, Tönjes, Uwe Gille, Wurstendbinder, Århus, 48 anonymous edits

Fleischfresser *Source*: http://de.wikipedia.org/w/index.php?title=Fleischfresser *Contributors*: 08-15, Achim Raschka, Aineias, Aldi23, Avoided, Balû, Brackenheim, Branka France, Caronna, Dancer59, DivaLaNoche, DoctaG, EMJAY, Enricopedia, Entlinkt, Falott, Gerbil, Ginchen, HaSee, Herr Klugbeisser, Hydro, Kibert, Kulac, LC, LuisDeLirio, Mijobe, Mondmotte, Mumphrey, Myukew, NiTenIchRyu, Nilreb, Nolispanmo, Nordelch, Phrontis, Regi51, Rotten Bastard, Sansculotte, Schwarzseher, SeSchu, Sechmet, Seidenkäfer, Srbauer, Suisui, Tischlampe, Ulrich.fuchs, Wst, ZachariasK, 23 anonymous edits

Landraubtiere *Source*: http://de.wikipedia.org/w/index.php?title=Landraubtiere *Contributors*: Avoided, Baldhur, Denis Barthel, Dreaven3, Javaprog, Necrophorus, Planetspace.de, RexNL, Ulrich.fuchs, 2 anonymous edits

Systematik_(Biologie) *Source*: http://de.wikipedia.org/w/index.php?title=Systematik_%28Biologie%29 *Contributors*: A.Savin, A1bi, Addicted, Aglarech, Ahoerstemeier, Aka, Algae, Androl, Andrsvoss, Araneophilus, Arf, Asdfj, Avoided, BRotondi, Ben-Zin, Benzh, BjKa, Blablapapa, Bollisee, Brudersohn, Brummfuss, Brya, CSonic, Chrisju2001, ChristophDemmer, Chrugel, Cjahrmarkt, Communicare, Conversion script, Cornischong, DarkSepia, David Ludwig, Denis Barthel, Der Wolf im Wald, Der.Traeumer, DerHexer, Diba, Dominic Z., Echinotrix, EL, Elchjagd, Engie, Entnahme, Fetter Ekelbert, Franz Xaver, Fristu, Gerbil, Gerhardvalentin, Gleiberg, Griensteidl, Gum'Mib'Aer, Haplochromis, Hati, He3nry, Hoffmeier, Hokanomono, Hubi, Hydro, Inkowik, Iogos82, Isderion, Iste Praetor, Item, J.Ammon, J.Voss, JakobVoss, Jo Weber, Jonathan Hornung, Joni2, Kam Solusar, Karl-Henner, Kku, Kuebi, Logograph, Louis Bafrance, Löschfix, Madden, Magnus Manske, MannMaus, Marcu, Martin Bahmann, Martin-vogel, Matze, Memex, Michael Kümmling, Mike Krüger, Mipago, Mo4jolo, NEUROtiker, Ne discere cessa!, Neg, Nepenthes, Netzize, Nikkis, Nina, Olei, Ottomanisch, PKvHS, Paddy, Pierre, Pinnipedia, Pittimann, Plattmaster, Prissantenbär, Pygmalion, Q. Wertz, Randolph33, Rax, Regi51, Reinhard Kraasch, Robb, RokerHRO, Romanm, Schewek, Schlurcher, Schuetzm, Seewolf, Small Axe, Soebe, Speifensender, Spuk968, Stefan Kögl, Succu, Suit, Sulai, Sunks, Sven Zoerner, Tarboler, Terabyte, Tinz, TomCatX, Trilo, TruebadiX, Umweltschützen, Uwe Rumberg, Vic Fontaine, Vigilius, WAH, WIKIdesigner, Wargi, Wiegels, Wirama, Wolfgang1018, Wst, WvBraun, Xeno06, YourEyesOnly, Zaibatsu, Zeno Gantner, Zwangsumbenennung816, Österreicher, 145 anonymous edits

Zoologie *Source*: http://de.wikipedia.org/w/index.php?title=Zoologie *Contributors*: Aglarech, Albe, Andre Engels, Andy king50, Apodemus, Bernhard55, Blaufisch, C.Elegant, ChristianBier, ChristophDemmer, Compugraf, Conversion script, D, DerHexer, Dirkb, Elian, Eloquence, Emdee, Entnahme, Factumquintus, Flacus, Gerbil, Gilliamjf, Gleiberg, Gydo, Igelball, Jvano, Karl-Henner, Kku, Lenny222, Logograph, Martin Aggel, Martin-vogel, Michael Gäbler, Minalcar, Nd, Nicor, Ninjamask, Odin, Origamiemensch, Plattmaster, Polarlys, Rho, Seewolf, Sinn, Spes Rei, Spuk968, Stefan Kühn, Supermartl, TomCatX, Torsten Kühler, Tsui, Ulrich.fuchs, Umweltschützen, Unscheinbar, Unukorno, Uwe Gille, Vulture, Wst, Zeno Gantner, Zoologe, 61 anonymous edits

Image Sources, Licenses and Contributors

Datei:Stud 327 with Blesbuck.jpg *Source*: http://de.wikipedia.org/w/index.php?title=Datei:Stud_327_with_Blesbuck.jpg *License*: unknown *Contributors*: Save China's Tiger. Original uploader was China's Tiger at en.wikipedia

Datei:Walross paar.jpg *Source*: http://de.wikipedia.org/w/index.php?title=Datei:Walross_paar.jpg *License*: unknown *Contributors*: U.S. Fish and Wildlife Service

Datei:Rotfuchsschädel.jpg *Source*: http://de.wikipedia.org/w/index.php?title=Datei:Rotfuchsschädel.jpg *License*: unknown *Contributors*: Archaeodontosaurus, Dbenzhuser, Kersti Nebelsiek, Linél, Nordelch, Wst, 1 anonymous edits

Datei:Aus fur seal.JPG *Source*: http://de.wikipedia.org/w/index.php?title=Datei:Aus_fur_seal.JPG *License*: unknown *Contributors*: Linél, Tintazul

Datei:Panda closeup.jpg *Source*: http://de.wikipedia.org/w/index.php?title=Datei:Panda_closeup.jpg *License*: unknown *Contributors*: User Jcwf on nl.wikipedia

Datei:Otters at feeding time 2004 SMC.jpg *Source*: http://de.wikipedia.org/w/index.php?title=Datei:Otters_at_feeding_time_2004_SMC.jpg *License*: unknown *Contributors*: SeanMack

Datei:Löwe (01) 2006-09-19.JPG *Source*: http://de.wikipedia.org/w/index.php?title=Datei:Löwe_(01)_2006-09-19.JPG *License*: unknown *Contributors*: User:Norbert Kaiser

Datei:Spilogale gracilis.jpg *Source*: http://de.wikipedia.org/w/index.php?title=Datei:Spilogale_gracilis.jpg *License*: unknown *Contributors*: Bradypus, Sarefo

Datei:Binturong in Overloon.jpg *Source*: http://de.wikipedia.org/w/index.php?title=Datei:Binturong_in_Overloon.jpg *License*: unknown *Contributors*: Tassilo Rau

Datei:Bassariscus.jpg *Source*: http://de.wikipedia.org/w/index.php?title=Datei:Bassariscus.jpg *License*: unknown *Contributors*: Bradypus, E rulez, Martin H., 2 anonymous edits

Datei:Serengeti Mongoose.jpg *Source*: http://de.wikipedia.org/w/index.php?title=Datei:Serengeti_Mongoose.jpg *License*: unknown *Contributors*: Dysmorodrepanis, Ranveig, Unununium272, Überraschungsbilder, 1 anonymous edits

Datei:Hyaenodon Heinrich Harder.jpeg *Source*: http://de.wikipedia.org/w/index.php?title=Datei:Hyaenodon_Heinrich_Harder.jpeg *License*: unknown *Contributors*: Heinrich Harder

Datei:Canis lupus 265b.jpg *Source*: http://de.wikipedia.org/w/index.php?title=Datei:Canis_lupus_265b.jpg *License*: unknown *Contributors*: Original uploader was Chris Muiden at nl.wikipedia

Datei:Koala_climbing_tree.jpg *Source*: http://de.wikipedia.org/w/index.php?title=Datei:Koala_climbing_tree.jpg *License*: unknown *Contributors*: User:Diliff

Datei:Thylacine palate.png *Source*: http://de.wikipedia.org/w/index.php?title=Datei:Thylacine_palate.png *License*: unknown *Contributors*: User:Philcha

Datei:Sugies03 hp.jpg *Source*: http://de.wikipedia.org/w/index.php?title=Datei:Sugies03_hp.jpg *License*: unknown *Contributors*: Jonathan Hornung, Salix, Winterkind

Datei:Wombat.jpg *Source*: http://de.wikipedia.org/w/index.php?title=Datei:Wombat.jpg *License*: unknown *Contributors*: thomasgl. Original uploader was Thomasgl at de.wikipedia

Datei:Joey in pouch.jpg *Source*: http://de.wikipedia.org/w/index.php?title=Datei:Joey_in_pouch.jpg *License*: unknown *Contributors*: Circeus, Factumquintus, Gshaw, Guety, Ixitixel, Linél, Salix, Samulili, Str4nd, 2 anonymous edits

Datei:Sinodelphys szalayi.JPG *Source*: http://de.wikipedia.org/w/index.php?title=Datei:Sinodelphys_szalayi.JPG *License*: unknown *Contributors*: User:Laikayiu

Datei:Opossum 1.jpg *Source*: http://de.wikipedia.org/w/index.php?title=Datei:Opossum_1.jpg *License*: unknown *Contributors*: Cody Pope

Datei:Diprotodon.jpg *Source*: http://de.wikipedia.org/w/index.php?title=Datei:Diprotodon.jpg *License*: unknown *Contributors*: Bukk, G.dallorto, Haplochromis, Kersti Nebelsiek, Zscout370

Datei:Tasdevil_large.jpg *Source*: http://de.wikipedia.org/w/index.php?title=Datei:Tasdevil_large.jpg *License*: unknown *Contributors*: Wayne McLean (jgritz) Taken with Nikon D100.

Datei:Schweinsfuß-Nasenbeutler.jpg *Source*: http://de.wikipedia.org/w/index.php?title=Datei:Schweinsfuß-Nasenbeutler.jpg *License*: unknown *Contributors*: Bdk, Bradypus, Zeno Gantner

Datei:Turmfalke_grosse_version.jpg *Source*: http://de.wikipedia.org/w/index.php?title=Datei:Turmfalke_grosse_version.jpg *License*: unknown *Contributors*: Brodo, Dbenzhuser, Tony Wills

Datei:Hawk eating prey.jpg *Source*: http://de.wikipedia.org/w/index.php?title=Datei:Hawk_eating_prey.jpg *License*: unknown *Contributors*: Steve Jurvetson

Datei:Two_cattle_near_Wantastiquet_Mountain.jpg *Source*: http://de.wikipedia.org/w/index.php?title=Datei:Two_cattle_near_Wantastiquet_Mountain.jpg *License*: unknown *Contributors*: redjar – jared benedict

Datei:H18lionbuff.jpg *Source*: http://de.wikipedia.org/w/index.php?title=Datei:H18lionbuff.jpg *License*: unknown *Contributors*: John Walker

Datei:LotkaVolterra.svg *Source*: http://de.wikipedia.org/w/index.php?title=Datei:LotkaVolterra.svg *License*: unknown *Contributors*: Curtis Newton   10:55, 20. Apr. 2010 (CEST). Original uploader was Curtis Newton at de.wikipedia

Datei:Bisamratte auf Strand.jpg *Source*: http://de.wikipedia.org/w/index.php?title=Datei:Bisamratte_auf_Strand.jpg *License*: unknown *Contributors*: Innotata

Datei:Lion_feeding04_-_melbourne_zoo.jpg *Source*: http://de.wikipedia.org/w/index.php?title=Datei:Lion_feeding04_-_melbourne_zoo.jpg *License*: unknown *Contributors*: Fir0002, Winterkind

Datei:Sarracenia_rubra_ne.JPG *Source*: http://de.wikipedia.org/w/index.php?title=Datei:Sarracenia_rubra_ne.JPG *License*: unknown *Contributors*: Mindmatrix, NoahElhardt

Bild:SysSauropisda.jpg *Source*: http://de.wikipedia.org/w/index.php?title=Datei:SysSauropisda.jpg *License*: unknown *Contributors*: Factumquintus, Haplochromis, Koobak, W-j-s

Datei:Biological classification de.svg *Source*: http://de.wikipedia.org/w/index.php?title=Datei:Biological_classification_de.svg *License*: unknown *Contributors*: User:Pengo, User:TomCatX

Datei:LA2-Blitz-0439.jpg *Source*: http://de.wikipedia.org/w/index.php?title=Datei:LA2-Blitz-0439.jpg *License*: unknown *Contributors*: Kilom691, Origamiemensch, 1 anonymous edits

GNU Free Documentation License Version 1.2, November 2002 Copyright (C) 2000,2001,2002 Free Software Foundation, Inc. 59 Temple Place, Suite 330, Boston, MA 02111-1307 USA Everyone is permitted to copy and distribute verbatim copies of this license document, but changing it is not allowed.

0. PREAMBLE

The purpose of this License is to make a manual, textbook, or other functional and useful document "free" in the sense of freedom: to assure everyone the effective freedom to copy and redistribute it, with or without modifying it, either commercially or noncommercially. Secondarily, this License preserves for the author and publisher a way to get credit for their work, while not being considered responsible for modifications made by others. This License is a kind of "copyleft", which means that derivative works of the document must themselves be free in the same sense. It complements the GNU General Public License, which is a copyleft license designed for free software. We have designed this License in order to use it for manuals for free software, because free software needs free documentation: a free program should come with manuals providing the same freedoms that the software does. But this License is not limited to software manuals; it can be used for any textual work, regardless of subject matter or whether it is published as a printed book. We recommend this License principally for works whose purpose is instruction or reference.

1. APPLICABILITY AND DEFINITIONS

This License applies to any manual or other work, in any medium, that contains a notice placed by the copyright holder saying it can be distributed under the terms of this License. Such a notice grants a world-wide, royalty-free license, unlimited in duration, to use that work under the conditions stated herein. The "Document", below, refers to any such manual or work. Any member of the public is a licensee, and is addressed as "you". You accept the license if you copy, modify or distribute the work in a way requiring permission under copyright law. A "Modified Version" of the Document means any work containing the Document or a portion of it, either copied verbatim, or with modifications and/or translated into another language. A "Secondary Section" is a named appendix or a front-matter section of the Document that deals exclusively with the relationship of the publishers or authors of the Document to the Document's overall subject (or to related matters) and contains nothing that could fall directly within that overall subject. (Thus, if the Document is in part a textbook of mathematics, a Secondary Section may not explain any mathematics.) The relationship could be a matter of historical connection with the subject or with related matters, or of legal, commercial, philosophical, ethical or political position regarding them. The "Invariant Sections" are certain Secondary Sections whose titles are designated, as being those of Invariant Sections, in the notice that says that the Document is released under this License. If a section does not fit the above definition of Secondary then it is not allowed to be designated as Invariant. The Document may contain zero Invariant Sections. If the Document does not identify any Invariant Sections then there are none. The "Cover Texts" are certain short passages of text that are listed, as Front-Cover Texts or Back-Cover Texts, in the notice that says that the Document is released under this License. A Front-Cover Text may be at most 5 words, and a Back-Cover Text may be at most 25 words. A "Transparent" copy of the Document means a machine-readable copy, represented in a format whose specification is available to the general public, that is suitable for revising the document straightforwardly with generic text editors or (for images composed of pixels) generic paint programs or (for drawings) some widely available drawing editor, and that is suitable for input to text formatters or for automatic translation to a variety of formats suitable for input to text formatters. A copy made in an otherwise Transparent file format whose markup, or absence of markup, has been arranged to thwart or discourage subsequent modification by readers is not Transparent. An image format is not Transparent if used for any substantial amount of text. A copy that is not "Transparent" is called "Opaque". Examples of suitable formats for Transparent copies include plain ASCII without markup, Texinfo input format, LaTeX input format, SGML or XML using a publicly available DTD, and standard-conforming simple HTML, PostScript or PDF designed for human modification. Examples of transparent image formats include PNG, XCF and JPG. Opaque formats include proprietary formats that can be read and edited only by proprietary word processors, SGML or XML for which the DTD and/or processing tools are not generally available, and the machine-generated HTML, PostScript or PDF produced by some word processors for output purposes only. The "Title Page" means, for a printed book, the title page itself, plus such following pages as are needed to hold, legibly, the material this License requires to appear in the title page. For works in formats which do not have any title page as such, "Title Page" means the text near the most prominent appearance of the work's title, preceding the beginning of the body of the text. A section "Entitled XYZ" means a named subunit of the Document whose title either is precisely XYZ or contains XYZ in parentheses following text that translates XYZ in another language. (Here XYZ stands for a specific section name mentioned below, such as "Acknowledgements", "Dedications", "Endorsements", or "History".) To "Preserve the Title" of such a section when you modify the Document means that it remains a section "Entitled XYZ" according to this definition. The Document may include Warranty Disclaimers next to the notice which states that this License applies to the Document. These Warranty Disclaimers are considered to be included by reference in this License, but only as regards disclaiming warranties: any other implication that these Warranty Disclaimers may have is void and has no effect on the meaning of this License.

2. VERBATIM COPYING

You may copy and distribute the Document in any medium, either commercially or noncommercially, provided that this License, the copyright notices, and the license notice saying this License applies to the Document are reproduced in all copies, and that you add no other conditions whatsoever to those of this License. You may not use technical measures to obstruct or control the reading or further copying of the copies you make or distribute. However, you may accept compensation in exchange for copies. If you distribute a large enough number of copies you must also follow the conditions in section 3. You may also lend copies, under the same conditions stated above, and you may publicly display copies.

3. COPYING IN QUANTITY

If you publish printed copies (or copies in media that commonly have printed covers) of the Document, numbering more than 100, and the Document's license notice requires Cover Texts, you must enclose the copies in covers that carry, clearly and legibly, all these Cover Texts: Front-Cover Texts on the front cover, and Back-Cover Texts on the back cover. Both covers must also clearly and legibly identify you as the publisher of these copies. The front cover must present the full title with all words of the title equally prominent and visible. You may add other material on the covers in addition. Copying with changes limited to the covers, as long as they preserve the title of the Document and satisfy these conditions, can be treated as verbatim copying in other respects. If the required texts for either cover are too voluminous to fit legibly, you should put the first ones listed (as many as fit reasonably) on the actual cover, and continue the rest onto adjacent pages. If you publish or distribute Opaque copies of the Document numbering more than 100, you must either include a machine-readable Transparent copy along with each Opaque copy, or state in or with each Opaque copy a computer-network location from which the general network-using public has access to download using public-standard network protocols a complete Transparent copy of the Document, free of added material. If you use the latter option, you must take reasonably prudent steps, when you begin distribution of Opaque copies in quantity, to ensure that this Transparent copy will remain thus accessible at the stated location until at least one year after the last time you distribute an Opaque copy (directly or through your agents or retailers) of that edition to the public. It is requested, but not required, that you contact the authors of the Document well before redistributing any large number of copies, to give them a chance to provide you with an updated version of the Document.

4. MODIFICATIONS

You may copy and distribute a Modified Version of the Document under the conditions of sections 2 and 3 above, provided that you release the Modified Version under precisely this License, with the Modified Version filling the role of the Document, thus licensing distribution and modification of the Modified Version to whoever possesses a copy of it. In addition, you must do these things in the Modified Version: A. Use in the Title Page (and on the covers, if any) a title distinct from that of the Document, and from those of previous versions (which should, if there were any, be listed in the History section of the Document). You may use the same title as a previous version if the original publisher of that version gives permission. B. List on the Title Page, as authors, one or more persons or entities responsible for authorship of the modifications in the Modified Version, together with at least five of the principal authors of the Document (all of its principal authors, if it has fewer than five), unless they release you from this requirement. C. State on the Title page the name of the publisher of the Modified Version, as the publisher. D. Preserve all the copyright notices of the Document. E. Add an appropriate copyright notice for your modifications adjacent to the other copyright notices. F. Include, immediately after the copyright notices, a license notice giving the public permission to use the Modified Version under the terms of this License, in the form shown in the Addendum below. G. Preserve in that license notice the full lists of Invariant Sections and required Cover Texts given in the Document's license notice. H. Include an unaltered copy of this License. I. Preserve the section Entitled "History", Preserve its Title, and add to it an item stating at least the title, year, new authors, and publisher of the Modified Version as given on the Title Page. If there is no section Entitled "History" in the Document, create one stating the title, year, authors, and publisher of the Document as given on its Title Page, then add an item describing the Modified Version as stated in the previous sentence. J. Preserve the network location, if any, given in the Document for public access to a Transparent copy of the Document, and likewise the network locations given in the Document for previous versions it was based on. These may be placed in the "History" section. You may omit a network location for a work that was published at least four years before the Document itself, or if the original publisher of the version it refers to gives permission. K. For any section Entitled "Acknowledgements" or "Dedications", Preserve the Title of the section, and preserve in the section all the substance and tone of each of the contributor acknowledgements and/or dedications given therein. L. Preserve all the Invariant Sections of the Document, unaltered in their text and in their titles. Section numbers or the equivalent are not considered part of the section titles. M. Delete any section Entitled "Endorsements". Such a section may not be included in the Modified Version. N. Do not retitle any existing section to be Entitled "Endorsements" or to conflict in title with any Invariant Section. O. Preserve any Warranty Disclaimers. If the Modified Version includes new front-matter sections or appendices that qualify as Secondary Sections and contain no material copied from the Document, you may at your option designate some or all of these sections as invariant. To do this, add their titles to the list of Invariant Sections in the Modified Version's license notice. These titles must be distinct from any other section titles. You may add a section Entitled "Endorsements", provided it contains nothing but endorsements of your Modified Version by various parties--for example, statements of peer review or that the text has been approved by an organization as the authoritative definition of a standard. You may add a passage of up to five words as a Front-Cover Text, and a passage of up to 25 words as a Back-Cover Text, to the end of the list of Cover Texts in the Modified Version. Only one passage of Front-Cover Text and one of Back-Cover Text may be added by (or through arrangements made by) any one entity. If the Document already includes a cover text for the same cover, previously added by you or by arrangement made by the same entity you are acting on behalf of, you may not add another; but you may replace the old one, on explicit permission from the previous publisher that added the old one. The author(s) and publisher(s) of the Document do not by this License give permission to use their names for publicity for or to assert or imply endorsement of any Modified Version.

5. COMBINING DOCUMENTS

You may combine the Document with other documents released under this License, under the terms defined in section 4 above for modified versions, provided that you include in the combination all of the Invariant Sections of all of the original documents, unmodified, and list them all as Invariant Sections of your combined work in its license notice, and that you preserve all their Warranty Disclaimers. The combined work need only contain one copy of this License, and multiple identical Invariant Sections may be replaced with a single copy. If there are multiple Invariant Sections with the same name but different contents, make the title of each such section unique by adding at the end of it, in parentheses, the name of the original author or publisher of that section if known, or else a unique number. Make the same adjustment to the section titles in the list of Invariant Sections in the license notice of the combined work. In the combination, you must combine any sections Entitled "History" in the various original documents, forming one section Entitled "History"; likewise combine any sections Entitled "Acknowledgements", and any sections Entitled "Dedications". You must delete all sections Entitled "Endorsements".

6. COLLECTIONS OF DOCUMENTS

You may make a collection consisting of the Document and other documents released under this License, and replace the individual copies of this License in the various documents with a single copy that is included in the collection, provided that you follow the rules of this License for verbatim copying of each of the documents in all other respects. You may extract a single document from such a collection, and distribute it individually under this License, provided you insert a copy of this License into the extracted document, and follow this License in all other respects regarding verbatim copying of that document.

7. AGGREGATION WITH INDEPENDENT WORKS

A compilation of the Document or its derivatives with other separate and independent documents or works, in or on a volume of a storage or distribution medium, is called an "aggregate" if the copyright resulting from the compilation is not used to limit the legal rights of the compilation's users beyond what the individual works permit. When the Document is included in an aggregate, this License does not apply to the other works in the aggregate which are not themselves derivative works of the Document. If the Cover Text requirement of section 3 is applicable to these copies of the Document, then if the Document is less than one half of the entire aggregate, the Document's Cover Texts may be placed on covers that bracket the Document within the aggregate, or the electronic equivalent of covers if the Document is in electronic form. Otherwise they must appear on printed covers that bracket the whole aggregate.

8. TRANSLATION

Translation is considered a kind of modification, so you may distribute translations of the Document under the terms of section 4. Replacing Invariant Sections with translations requires special permission from their copyright holders, but you may include translations of some or all Invariant Sections in addition to the original versions of these Invariant Sections. You may include a translation of this License, and all the license notices in the Document, and any Warranty Disclaimers, provided that you also include the original English version of this License and the original versions of those notices and disclaimers. In case of a disagreement between the translation and the original version of this License or a notice or disclaimer, the original version will prevail. If a section in the Document is Entitled "Acknowledgements", "Dedications", or "History", the requirement (section 4) to Preserve its Title (section 1) will typically require changing the actual title.

9. TERMINATION

You may not copy, modify, sublicense, or distribute the Document except as expressly provided for under this License. Any other attempt to copy, modify, sublicense or distribute the Document is void, and will automatically terminate your rights under this License. However, parties who have received copies, or rights, from you under this License will not have their licenses terminated so long as such parties remain in full compliance.

10. FUTURE REVISIONS OF THIS LICENSE

The Free Software Foundation may publish new, revised versions of the GNU Free Documentation License from time to time. Such new versions will be similar in spirit to the present version, but may differ in detail to address new problems or concerns. See http://www.gnu.org/copyleft/. Each version of the License is given a distinguishing version number. If the Document specifies that a particular numbered version of this License "or any later version" applies to it, you have the option of following the terms and conditions either of that specified version or of any later version that has been published (not as a draft) by the Free Software Foundation. If the Document does not specify a version number of this License, you may choose any version ever published (not as a draft) by the Free Software Foundation. ADDENDUM: How to use this License for your documents To use this License in a document you have written, include a copy of the License in the document and put the following copyright and license notices just after the title page: Copyright (c) YEAR YOUR NAME. Permission is granted to copy, distribute and/or modify this document under the terms of the GNU Free Documentation License, Version 1.2 or any later version published by the Free Software Foundation; with no Invariant Sections, no Front-Cover Texts, and no Back-Cover Texts. A copy of the license is included in the section entitled "GNU Free Documentation License". If you have Invariant Sections, Front-Cover Texts and Back-Cover Texts, replace the "with...Texts." line with this: with the Invariant Sections being LIST THEIR TITLES, with the Front-Cover Texts being LIST, and with the Back-Cover Texts being LIST. If you have Invariant Sections without Cover Texts, or some other combination of the three, merge those two alternatives to suit the situation. If your document contains nontrivial examples of program code, we recommend releasing these examples in parallel under your choice of free software license, such as the GNU General Public License, to permit their use in free software.

Printed by Books on Demand GmbH, Norderstedt / Germany